# この本の特長と使い方

## 題回数ギガ増しドリル!

する内容が、この１冊でたっぷり学べます。

１枚ずつはがして
使うこともできます。

たし算の　ひっ算①

目ひょう時間 20分　学しゅうした日　月　日　名前　とく点　／100点　1206 解説→170ページ

を　ひっ算で　します。【ぜんぶできて18点】

いは　3+6です。
その　答えを　右の　アに
書きましょう。

② 十のくらいは　4+2です。
その　答えを　右の　イに
書きましょう。

❷ つぎの　計算を　ひっ算で　しましょう。1つ6点【72点】

(1) 32+43　(2) 51+38　(3) 46+52
(4) 41+35　(5) 24+33　(6) 62+23
(7) 34+25　(8) 61+17　(9) 28+61
(10) 40+19　(11) 23+52　(12) 14+72

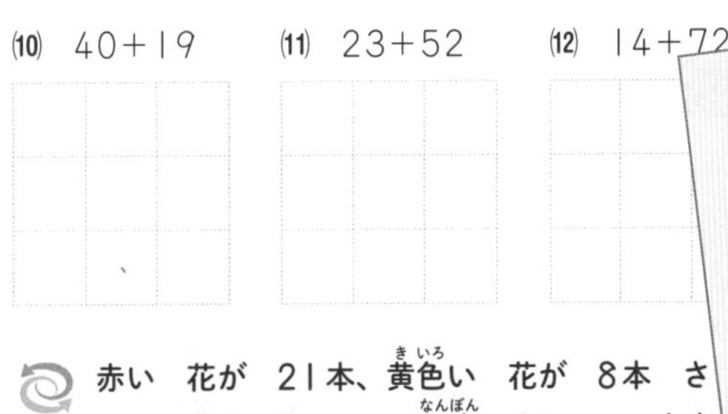

スパイラルコーナー　赤い　花が　21本、黄色い　花が　8本　さいて　います。あわせて　何本　さいて　いますか。

(しき)

答え

## もう１回チャレンジできる!

裏面には、表面と同じ問題を掲載。
解きなおしや復習がしっかりできます。

裏面

## スパイラルコーナー!

前に学習した内容が登場。
**くり返し学習**で定着させます。

## マルつけはスマホでサクッと!

その場でサクッと、赤字解答入り誌面が見られます。

くわしくはp.2へ

## 「答え」のページはていねいな解説つき!

解き方がわかるポイントがついています。

## スマホでサクッと!
# らくらくマルつけシステム

「答え」のページを
見なくても!
その場でスピーディーに!

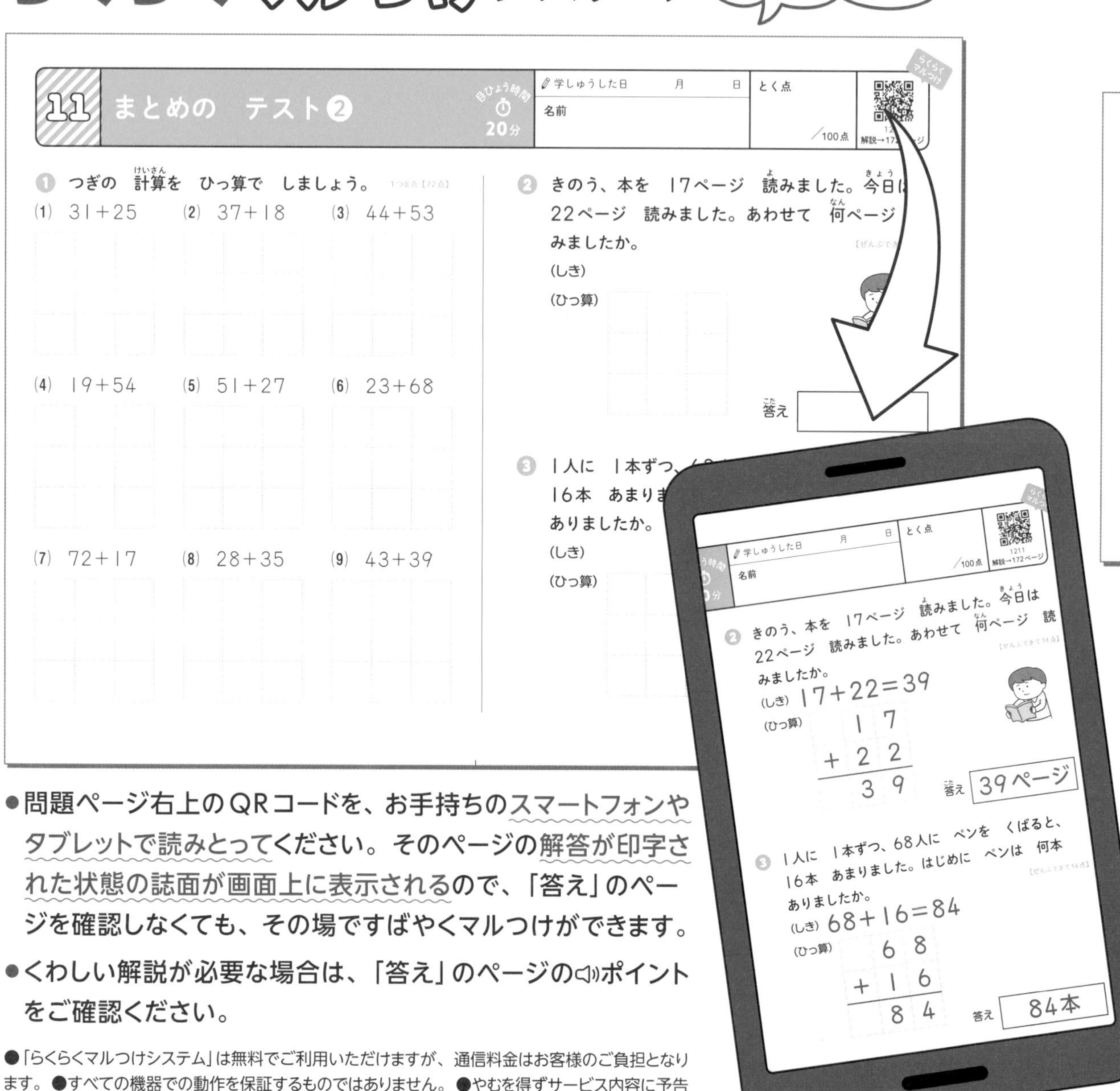

● 問題ページ右上のQRコードを、お手持ちのスマートフォンやタブレットで読みとってください。そのページの解答が印字された状態の誌面が画面上に表示されるので、「答え」のページを確認しなくても、その場ですばやくマルつけができます。

● くわしい解説が必要な場合は、「答え」のページのポイントをご確認ください。

●「らくらくマルつけシステム」は無料でご利用いただけますが、通信料金はお客様のご負担となります。●すべての機器での動作を保証するものではありません。●やむを得ずサービス内容に予告なく変更が生じる場合があります。●QRコードは㈱デンソーウェーブの登録商標です。

# プラスαの学習効果で成績ぐんのび!

パズル問題で考える力を育みます。

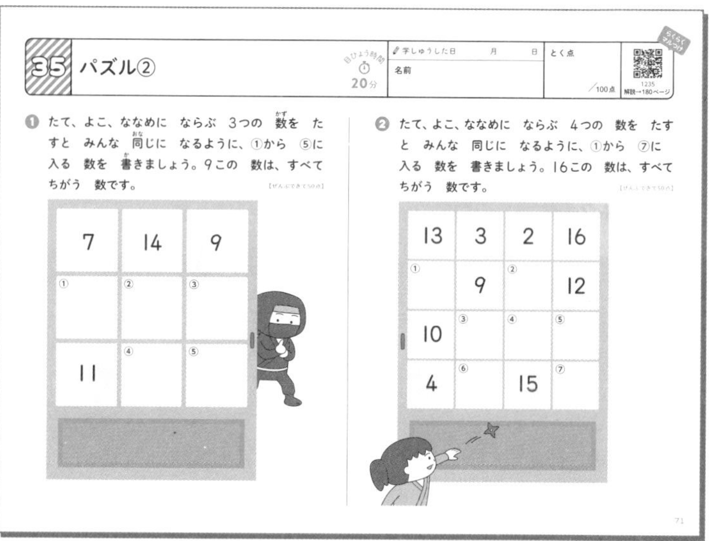

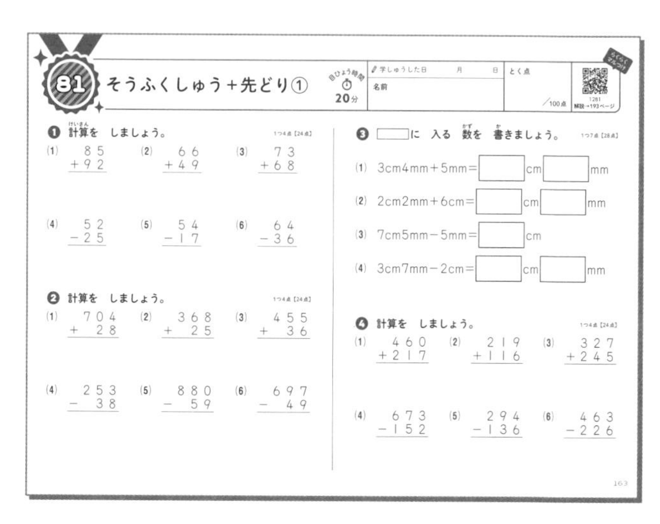

巻末のそうふくしゅう+先どり問題で、今より一歩先までがんばれます。

# 1 ひっ算①

学しゅうした日　月　日

名前

とく点　／100点

らくらくマルつけ

**1 52+6を　ひっ算で　します。**　【ぜんぶできて18点】

① 一のくらいは　2+6です。その　答えを　右の　アに　書きましょう。

② 十のくらいの　答えを　右の　イに　書きましょう。

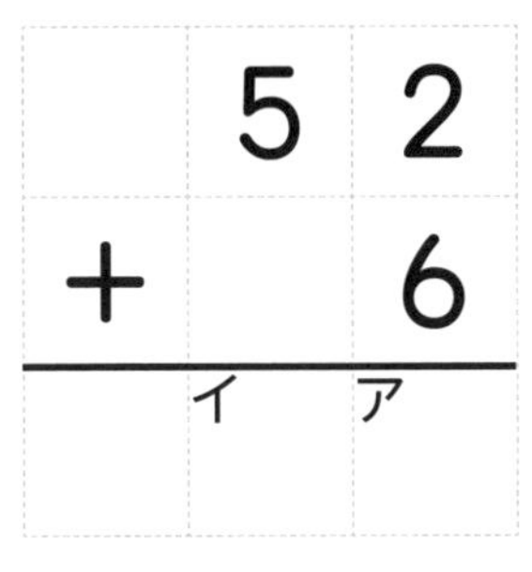


**2 つぎの　計算を　ひっ算で　しましょう。**　1つ6点【72点】

(1) 24+3

(2) 41+5

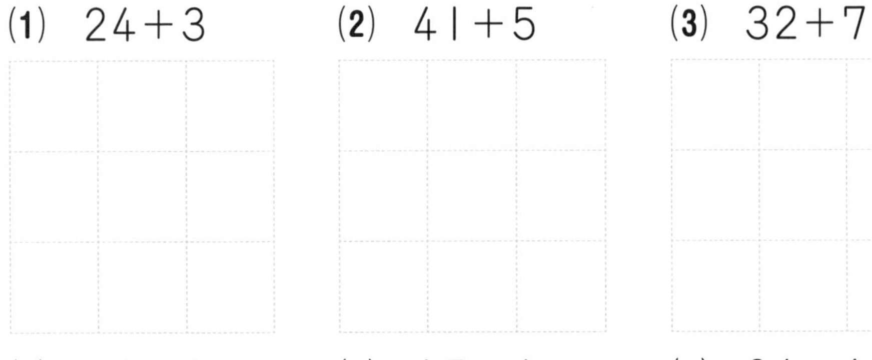

(3) 32+7

(4) 73+2

(5) 65+4

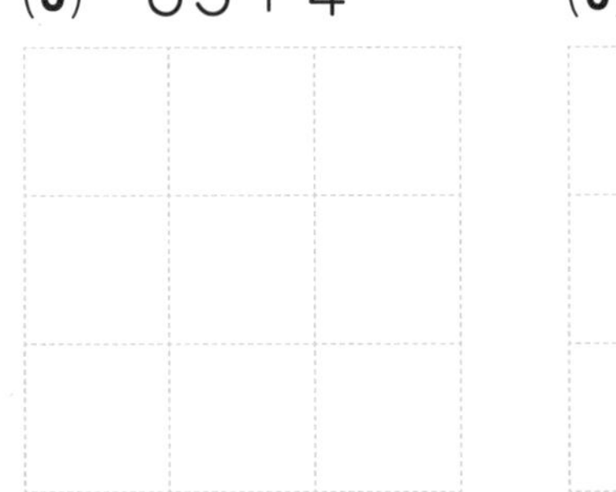

(6) 81+6

(7) 92+4

(8) 2+27

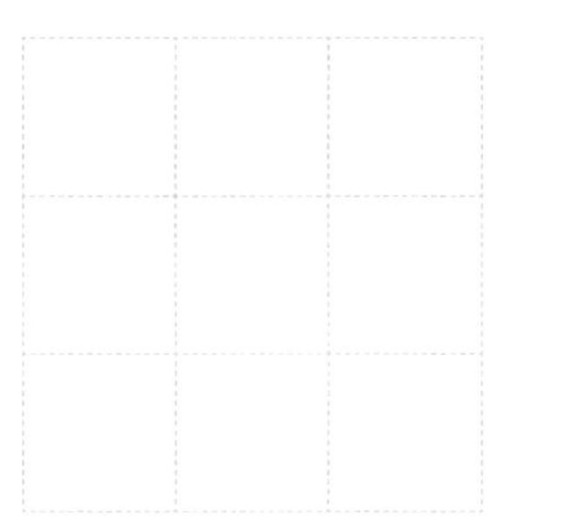

(9) 45+3

(10) 6+72

(11) 63+1

(12) 74+5

スパイラルコーナー

**子どもが　30人、おとなが　20人　います。みんなで　何人　いますか。**　【ぜんぶできて10点】

(しき)

答え

# ひっ算①

学しゅうした日　　月　　日

名前

とく点

／100点

1201
解説→169ページ

**❶ 52＋6を　ひっ算で　します。** 【ぜんぶできて18点】

① 一のくらいは　2＋6です。
その　答えを　右の　アに
書きましょう。

② 十のくらいの　答えを　右の
イに　書きましょう。

| | | |
|---|---|---|
| | 5 | 2 |
| ＋ | | 6 |
| | イ | ア |

**❷ つぎの　計算を　ひっ算で　しましょう。** 1つ6点【72点】

(1) 24＋3

(2) 41＋5

(3) 32＋7

(4) 73＋2

(5) 65＋4

(6) 81＋6

(7) 92＋4

(8) 2＋27

(9) 45＋3

(10) 6＋72

(11) 63＋1

(12) 74＋5

スパイラルコーナー

子どもが　30人、おとなが　20人　います。
みんなで　何人　いますか。 【ぜんぶできて10点】

（しき）

答え

# ひっ算②

学しゅうした日　　月　　日

名前

とく点　　／100点

1202
解説→169ページ

**1** 37+5を　ひっ算で　します。【ぜんぶできて18点】

① 7+5の　答えの　一のくらいの数を　右の　アに、くり上がりの数を　イに　書きましょう。

② イの　数と　3を　たして、十のくらいの　答えを　右の　ウに　書きましょう。

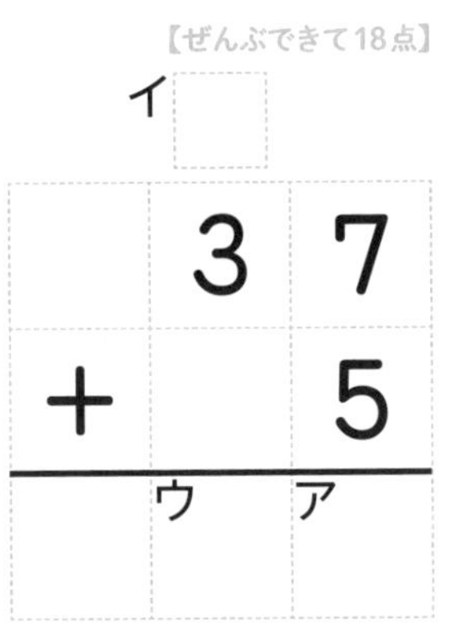


**2** つぎの　計算を　ひっ算で　しましょう。1つ6点【72点】

(1) 14+8

(2) 32+8

(3) 45+6

(4) 67+8

(5) 29+5

(6) 8+59

(7) 78+5

(8) 69+7

(9) 34+9

(10) 4+27

(11) 86+9

(12) 58+6

スパイラルコーナー

80円　もって　います。50円の　あめを　買うと　のこりは　何円に　なりますか。【ぜんぶできて10点】

(しき)

答え

# ひっ算②

学しゅうした日　月　日
名前
とく点　／100点

**❶ 37＋5を　ひっ算で　します。**【ぜんぶできて18点】

① 7＋5の　答えの　一のくらいの数を　右の　アに、くり上がりの数を　イに　書きましょう。

② イの　数と　3を　たして、十のくらいの　答えを　右の　ウに　書きましょう。

| イ | | |
|---|---|---|
| | 3 | 7 |
| ＋ | | 5 |
| | ウ | ア |

**❷ つぎの　計算を　ひっ算で　しましょう。** 1つ6点【72点】

(1) 14＋8

(2) 32＋8

(3) 45＋6

(4) 67＋8

(5) 29＋5

(6) 8＋59

(7) 78＋5

(8) 69＋7

(9) 34＋9

(10) 4＋27

(11) 86＋9

(12) 58＋6

スパイラルコーナー

80円　もって　います。50円の　あめを　買うと　のこりは　何円に　なりますか。【ぜんぶできて10点】

（しき）

答え

# ひっ算③

学しゅうした日　月　日
名前
とく点　／100点

1203
解説→169ページ

**1** 47−6を　ひっ算で　します。【ぜんぶできて18点】

① 一のくらいは　7−6です。その　答えを　右の　アに　書きましょう。

② 十のくらいの　答えを　右の　イに　書きましょう。

| | 4 | 7 |
|---|---|---|
| − | | 6 |
| | イ | ア |

**2** つぎの　計算を　ひっ算で　しましょう。1つ6点【72点】

(1) 29−1

(2) 36−4

(3) 87−5

(4) 63−2

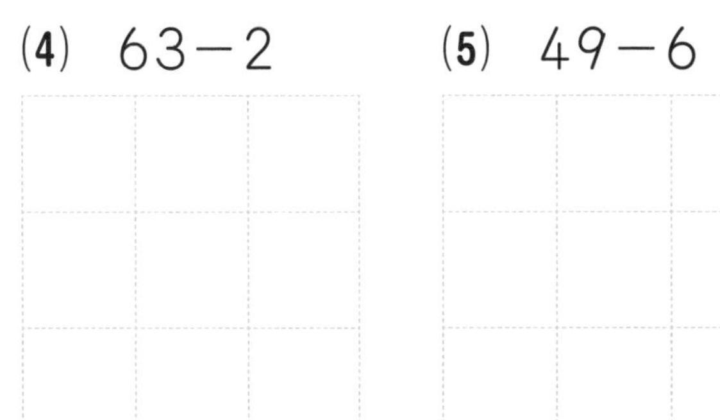

(5) 49−6

(6) 77−3

(7) 59−7

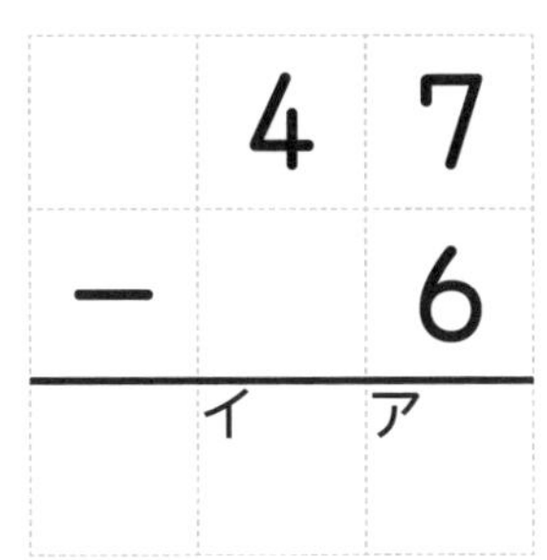

(8) 98−5

(9) 79−4

(10) 84−3

(11) 56−2

(12) 38−6

スパイラルコーナー

さらさんの　前には　5人、後ろには　12人　ならんで　います。みんなで　何人　ならんで　いますか。【ぜんぶできて10点】

(しき)

答え

# ひっ算③

学しゅうした日　　月　　日

名前

とく点

／100点

解説→169ページ

**❶ 47−6を　ひっ算で　します。** 【ぜんぶできて18点】

① 一のくらいは　7−6です。その　答えを　右の　アに　書きましょう。

② 十のくらいの　答えを　右の　イに　書きましょう。

|   | 4 | 7 |
|---|---|---|
| − |   | 6 |
|   | イ | ア |

**❷ つぎの　計算を　ひっ算で　しましょう。** 1つ6点【72点】

(1)　29−1

(2)　36−4

(3)　87−5

(4)　63−2

(5)　49−6

(6)　77−3

(7)　59−7

(8)　98−5

(9)　79−4

(10)　84−3

(11)　56−2

(12)　38−6

スパイラルコーナー

**さらさんの　前には　5人、後ろには　12人　ならんで　います。みんなで　何人　ならんで　いますか。** 【ぜんぶできて10点】

(しき)

答え

# ひっ算④

目ひょう時間 20分

学しゅうした日　月　日

名前

とく点　／100点

1204
解説→170ページ

**1** 32－9を　ひっ算で　します。【ぜんぶできて18点】

① 十のくらいの　3を　2と　1に　分けて、12－9を　計算します。その答えを　右の　アに　書きましょう。

② 十のくらいの　答えを　右の　イに　書きましょう。

| | 2 | 1 |
|---|---|---|
| | 3 | 2 |
| － | | 9 |
| | イ | ア |

**2** つぎの　計算を　ひっ算で　しましょう。1つ6点【72点】

(1) 71－6

(2) 23－9

(3) 94－7

(4) 41－3

(5) 53－8

(6) 82－6

(7) 65－7

(8) 93－6

(9) 34－8

(10) 76－9

(11) 43－4

(12) 81－3

スパイラルコーナー

27人が　じゅんに　走ります。6番目の　人まで　走りました。走って　いない　人は　何人ですか。【ぜんぶできて10点】

(しき)

答え

# ひっ算④

学しゅうした日　　月　　日

名前

とく点

／100点

1204
解説→170ページ

**❶ 32−9を　ひっ算で　します。**【ぜんぶできて18点】

① 十のくらいの　3を　2と　1に　分けて、12−9を　計算します。その答えを　右の　アに　書きましょう。

② 十のくらいの　答えを　右の　イに　書きましょう。

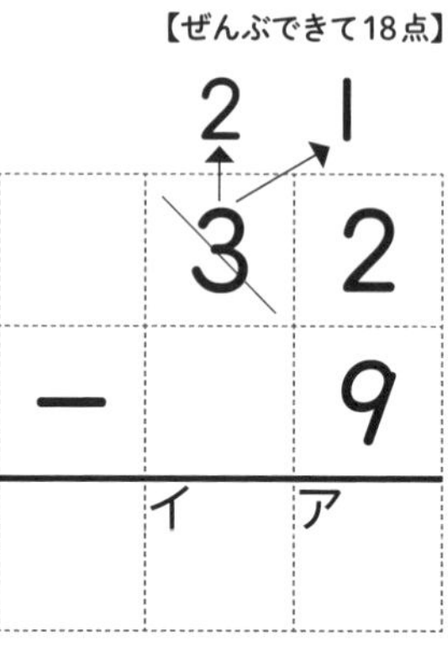


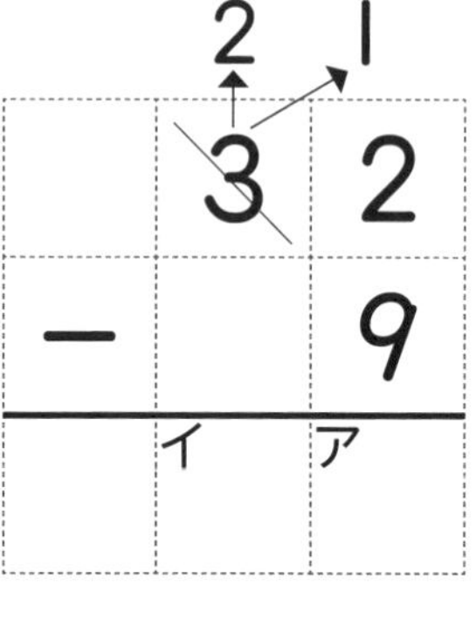

**❷ つぎの　計算を　ひっ算で　しましょう。**　1つ6点【72点】

(1) 71−6

(2) 23−9

(3) 94−7

(4) 41−3

(5) 53−8

(6) 82−6

(7) 65−7

(8) 93−6

(9) 34−8

(10) 76−9

(11) 43−4

(12) 81−3

スパイラルコーナー

**27人が　じゅんに　走ります。6番目の　人まで　走りました。走って　いない　人は　何人ですか。**【ぜんぶできて10点】

(しき)

答え

# 5 まとめの　テスト❶

目ひょう時間 20分

学しゅうした日　月　日

名前

とく点　／100点

らくらくマルつけ
1205
解説→170ページ

**1** つぎの　計算(けいさん)を　ひっ算で　しましょう。 1つ8点【72点】

(1)　14＋7　(2)　28－9　(3)　45＋8

(4)　81－6　(5)　32－3　(6)　76＋9

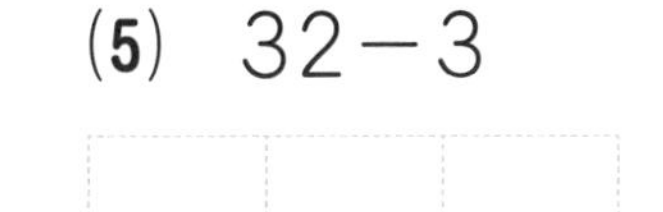

(7)　87＋6　(8)　59＋5　(9)　62－7

**2** 公園(こうえん)で　子どもが　24人　あそんで　います。9人　帰(かえ)ると、のこりは　何人(なんにん)ですか。 【ぜんぶできて14点】

(しき)

(ひっ算)

答(こた)え

**3** なみさんは　おはじきを　35こ　もって　います。お母(かあ)さんから　7こ　もらうと、ぜんぶで　何こに　なりますか。 【ぜんぶできて14点】

(しき)

(ひっ算)

答え

＼もう1回チャレンジ!!／

# 5 まとめの　テスト❶

学しゅうした日　月　日

名前

とく点　／100点

1205
解説→170ページ

❶ つぎの　計算を　ひっ算で　しましょう。　1つ8点【72点】

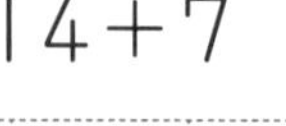

(1)　14＋7　(2)　28－9　(3)　45＋8

(4)　81－6　(5)　32－3　(6)　76＋9

(7)　87＋6　(8)　59＋5　(9)　62－7

❷ 公園で　子どもが　24人　あそんで　います。9人　帰ると、のこりは　何人ですか。　【ぜんぶできて14点】

(しき)

(ひっ算)

答え

❸ なみさんは　おはじきを　35こ　もって　います。お母さんから　7こ　もらうと、ぜんぶで　何こに　なりますか。　【ぜんぶできて14点】

(しき)

(ひっ算)

答え

# たし算の　ひっ算①

学しゅうした日　　月　　日

名前

とく点　　／100点

1206
解説→170ページ

らくらくマルつけ

**1** 43+26を　ひっ算で　します。【ぜんぶできて18点】

① 一のくらいは　3+6です。その　答えを　右の　アに　書きましょう。

② 十のくらいは　4+2です。その　答えを　右の　イに　書きましょう。

| | 4 | 3 |
|---|---|---|
| + | 2 | 6 |
| | イ | ア |

**2** つぎの　計算を　ひっ算で　しましょう。1つ6点【72点】

(1) 32+43

(2) 51+38

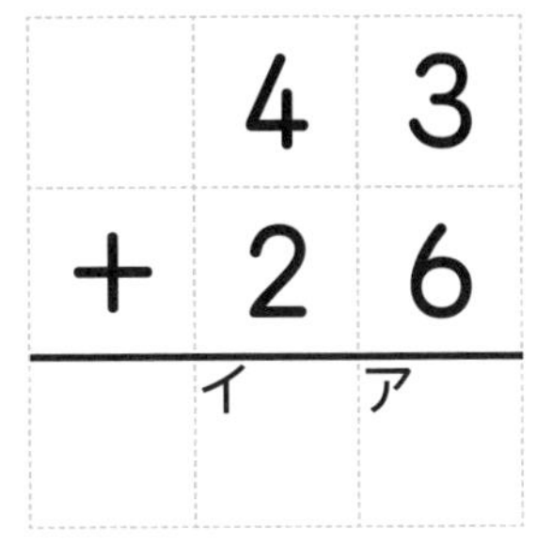

(3) 46+52

(4) 41+35

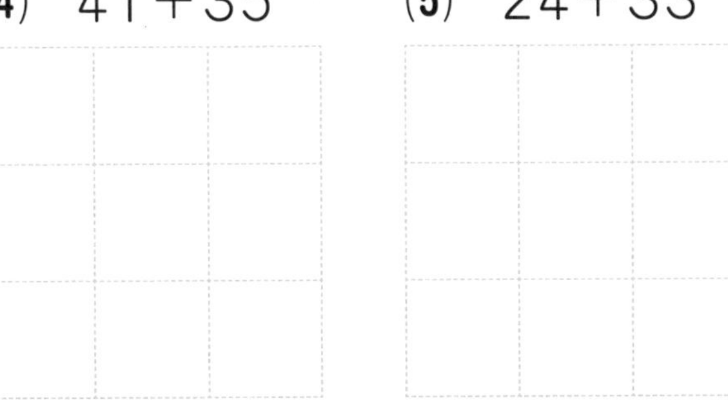

(5) 24+33

(6) 62+23

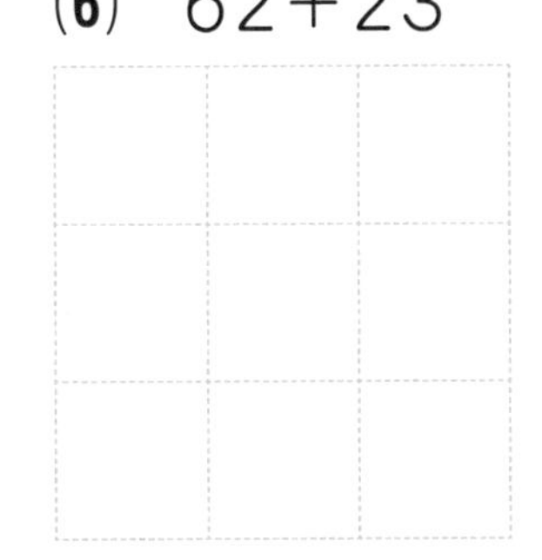

(7) 34+25

(8) 61+17

(9) 28+61

(10) 40+19

(11) 23+52

(12) 14+72

スパイラルコーナー

赤い　花が　21本、黄色い　花が　8本　さいて　います。あわせて　何本　さいて　いますか。【ぜんぶできて10点】

(しき)

答え

＼もう１回チャレンジ!!／

# たし算の　ひっ算①

目ひょう時間 20分

学しゅうした日　月　日

名前

とく点　／100点

1206 解説→170ページ

**❶ 43＋26を　ひっ算で　します。**【ぜんぶできて18点】

① 一のくらいは　3＋6です。その　答えを　右の　アに　書きましょう。

② 十のくらいは　4＋2です。その　答えを　右の　イに　書きましょう。

|  | 4 | 3 |
|---|---|---|
| ＋ | 2 | 6 |
|  | イ | ア |

**❷ つぎの　計算を　ひっ算で　しましょう。** 1つ6点【72点】

(1) 32＋43　(2) 51＋38　(3) 46＋52

(4) 41＋35　(5) 24＋33　(6) 62＋23

(7) 34＋25　(8) 61＋17　(9) 28＋61

(10) 40＋19　(11) 23＋52　(12) 14＋72

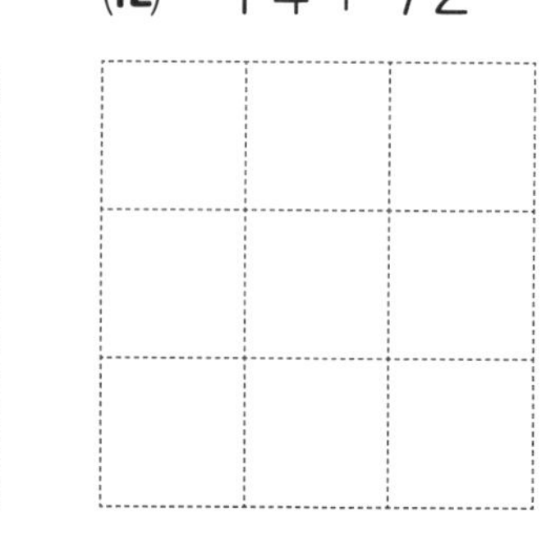

スパイラルコーナー

赤い　花が　21本、黄色い　花が　8本　さいて　います。あわせて　何本　さいて　いますか。【ぜんぶできて10点】

(しき)

答え

# 7 たし算の　ひっ算②

学しゅうした日　月　日

名前

とく点

／100点

1207
解説→171ページ

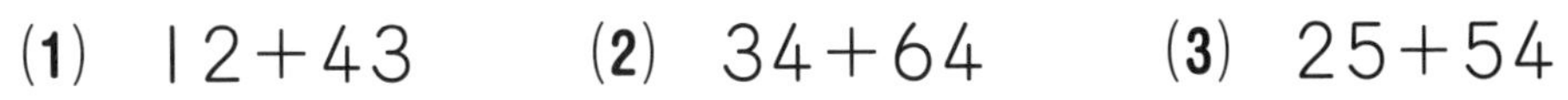

**1 つぎの　計算を　ひっ算で　しましょう。** 1つ6点【90点】

(1)　12＋43

(2)　34＋64

(3)　25＋54

(4)　39＋50

(5)　63＋14

(6)　23＋11

(7)　41＋45

(8)　32＋15

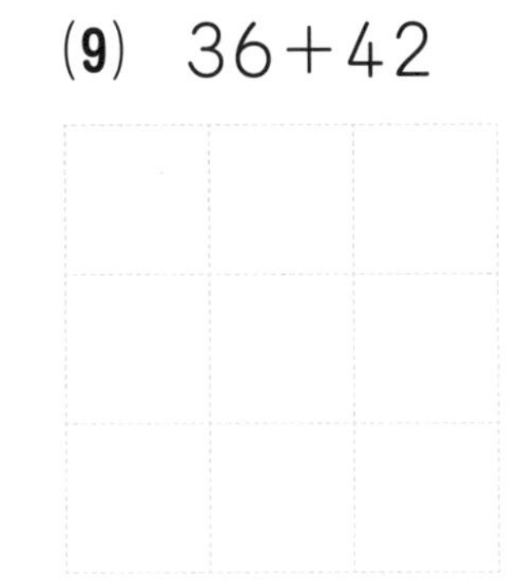

(9)　36＋42

(10)　31＋27

(11)　22＋35

(12)　52＋33

(13)　36＋23

(14)　51＋37

(15)　62＋14

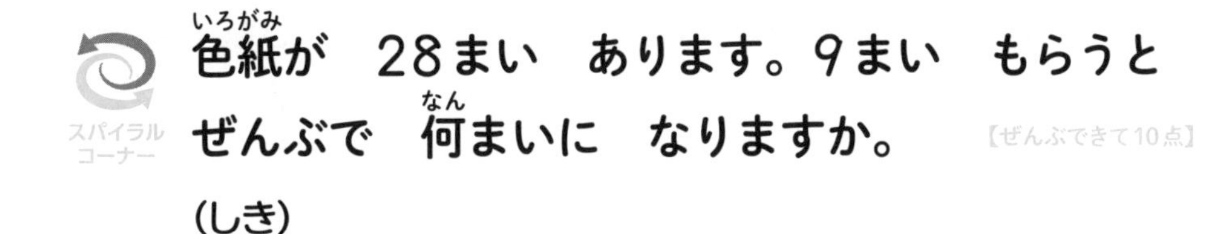

スパイラルコーナー

色紙が　28まい　あります。9まい　もらうと　ぜんぶで　何まいに　なりますか。【ぜんぶできて10点】

(しき)

答え

＼もう1回チャレンジ!! ／

# 7 たし算の　ひっ算②

目ひょう時間 20分

学しゅうした日　　月　　日

名前

とく点　　／100点

1207
解説→171ページ

らくらくマルつけ

❶ つぎの　計算を　ひっ算で　しましょう。　1つ6点【90点】

(1)　12＋43　　(2)　34＋64　　(3)　25＋54

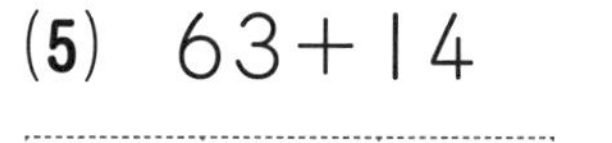

(4)　39＋50　　(5)　63＋14　　(6)　23＋11

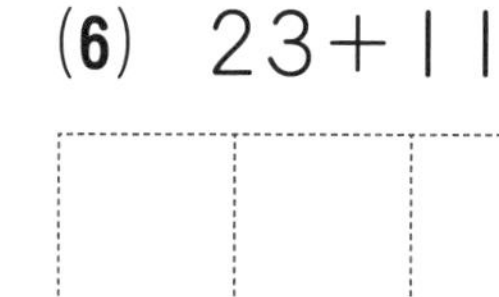

(7)　41＋45　　(8)　32＋15　　(9)　36＋42

(10)　31＋27　　(11)　22＋35　　(12)　52＋33

(13)　36＋23　　(14)　51＋37　　(15)　62＋14

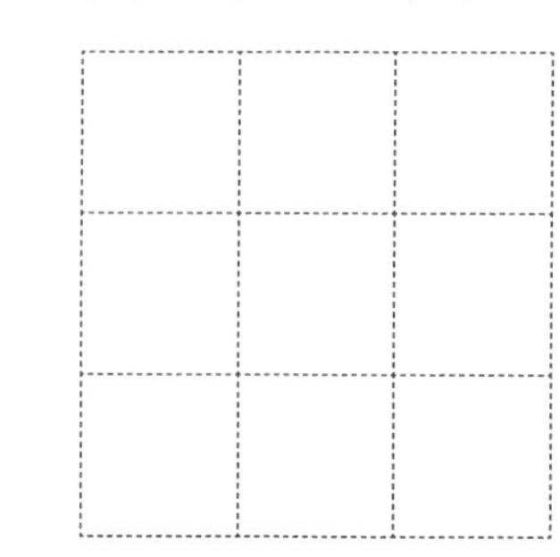

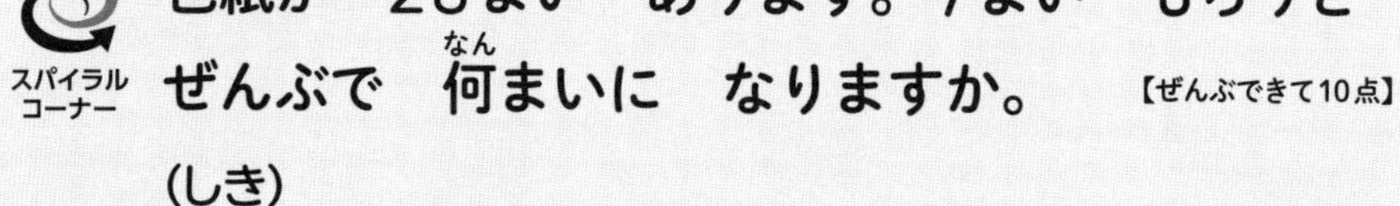

スパイラルコーナー

色紙が　28まい　あります。9まい　もらうと　ぜんぶで　何まいに　なりますか。　【ぜんぶできて10点】

(しき)

答え

# たし算の　ひっ算③

学しゅうした日　月　日
名前
とく点
/100点

らくらくマルつけ

**1** 28＋37を　ひっ算で　します。【ぜんぶできて18点】

① 8＋7の　答えの　一のくらいの　数を　右の　アに、くり上がりの　数を　イに　書きましょう。

② イの　数と　2と　3を　たして、十のくらいの　答えを　右の　ウに　書きましょう。

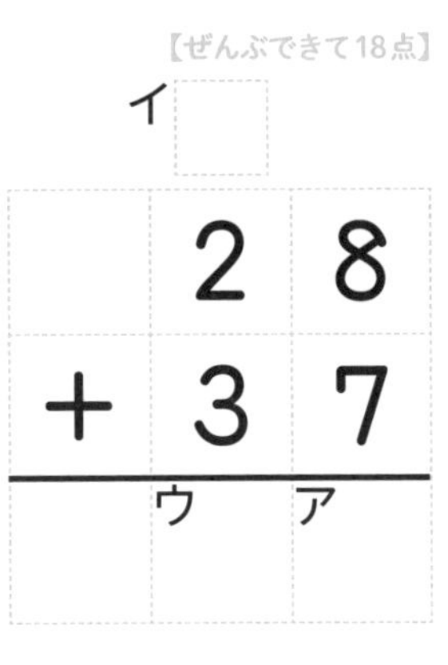


**2** つぎの　計算を　ひっ算で　しましょう。1つ6点【72点】

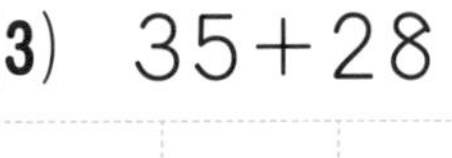

(1) 52＋39　(2) 49＋26　(3) 35＋28

(4) 27＋44　(5) 38＋25　(6) 34＋49

(7) 19＋48　(8) 37＋45　(9) 48＋24

(10) 33＋29　(11) 26＋54　(12) 56＋17

スパイラルコーナー

計算もんだいが　48もん　ありました。のこりは　5もんです。計算が　できたのは　何もんですか。【ぜんぶできて10点】

(しき)

答え

# 8 たし算の　ひっ算③

目ひょう時間 20分

学しゅうした日　月　日

名前

とく点　／100点

1208
解説→171ページ

**❶ 28＋37を　ひっ算で　します。**　【ぜんぶできて18点】

① 8＋7の　答えの　一のくらいの数を　右の　アに、くり上がりの数を　イに　書きましょう。

② イの　数と　2と　3を　たして、十のくらいの　答えを　右の　ウに　書きましょう。

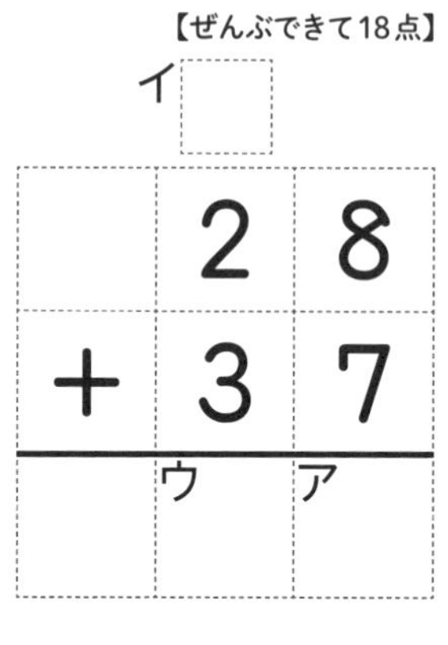

**❷ つぎの　計算を　ひっ算で　しましょう。**　1つ6点【72点】

(1) 52＋39

(2) 49＋26

(3) 35＋28

(4) 27＋44

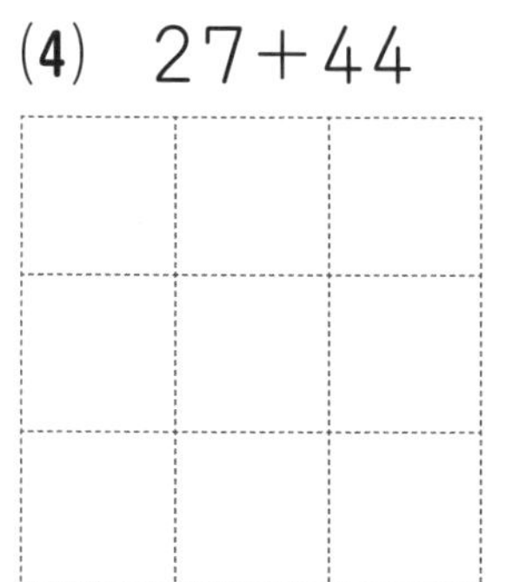

(5) 38＋25

(6) 34＋49

(7) 19＋48

(8) 37＋45

(9) 48＋24

(10) 33＋29

(11) 26＋54

(12) 56＋17

スパイラルコーナー

計算もんだいが　48もん　ありました。のこりは　5もんです。計算が　できたのは　何もんですか。　【ぜんぶできて10点】

(しき)

答え

# たし算の　ひっ算④

学しゅうした日　　月　　日
名前
とく点
／100点

1209
解説→171ページ

**1**　つぎの　計算を　ひっ算で　しましょう。　1つ6点【90点】

(1)　28＋19

(2)　57＋17

(3)　46＋38

(4)　53＋18

(5)　25＋35

(6)　24＋39

(7)　16＋37

(8)　27＋48

(9)　26＋68

(10)　47＋23

(11)　32＋29

(12)　59＋26

(13)　23＋69

(14)　34＋47

(15)　28＋55

スパイラルコーナー

みかんが　はこに　21こ　入って　います。今日、3こ　食べました。みかんは　何こ　のこって　いますか。　【ぜんぶできて10点】

(しき)

答え

＼もう1回チャレンジ!! ／

# たし算の　ひっ算④

学しゅうした日　　月　　日

名前

とく点

／100点

1209
解説→171ページ

❶ つぎの　計算を　ひっ算で　しましょう。　1つ6点【90点】

(1)　28＋19

(2)　57＋17

(3)　46＋38

(4)　53＋18

(5)　25＋35

(6)　24＋39

(7)　16＋37

(8)　27＋48

(9)　26＋68

(10)　47＋23

(11)　32＋29

(12)　59＋26

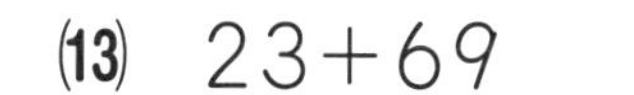

(13)　23＋69

(14)　34＋47

(15)　28＋55

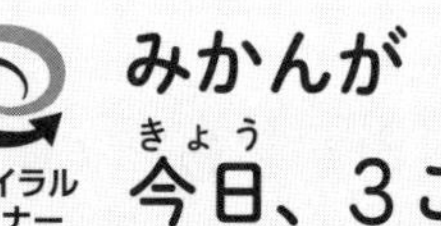

スパイラルコーナー

みかんが　はこに　21こ　入って　います。今日、3こ　食べました。みかんは　何こ　のこって　いますか。　【ぜんぶできて10点】

(しき)

答え

# 10 たし算の　ひっ算⑤

学しゅうした日　月　日

名前

とく点

／100点

1210
解説→172ページ

らくらくマルつけ

**1** 38＋43を　計算して、答えの　たしかめも　しましょう。

【ぜんぶできて10点】

答えの　たしかめ

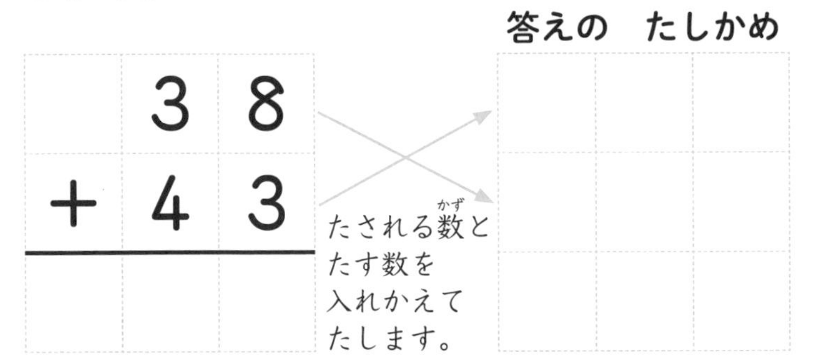


**2** つぎの　ひっ算を　して、答えの　たしかめも　しましょう。

1つ20点【80点】

(1)

答えの　たしかめ

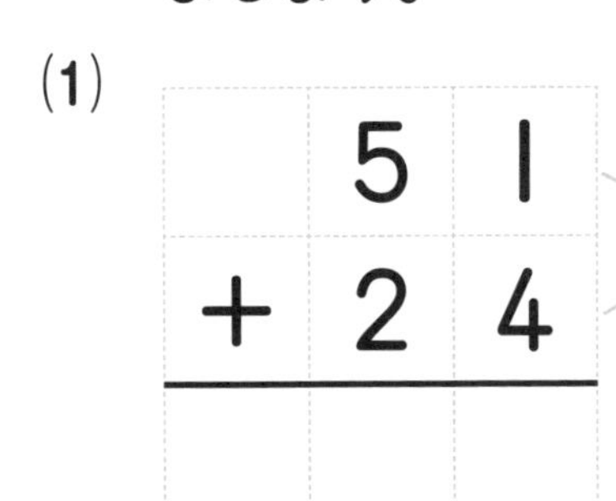


(2)

答えの　たしかめ

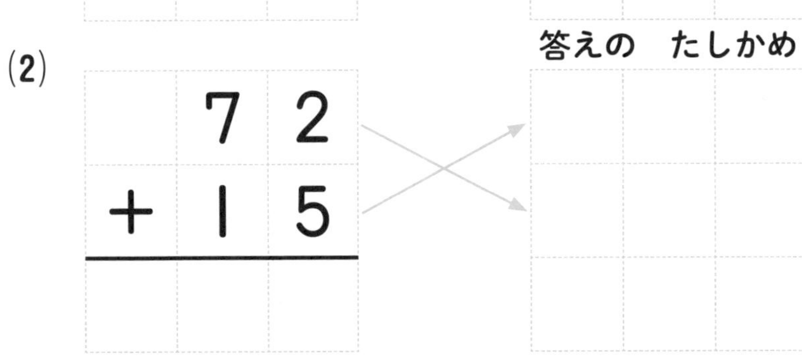


(3)

答えの　たしかめ

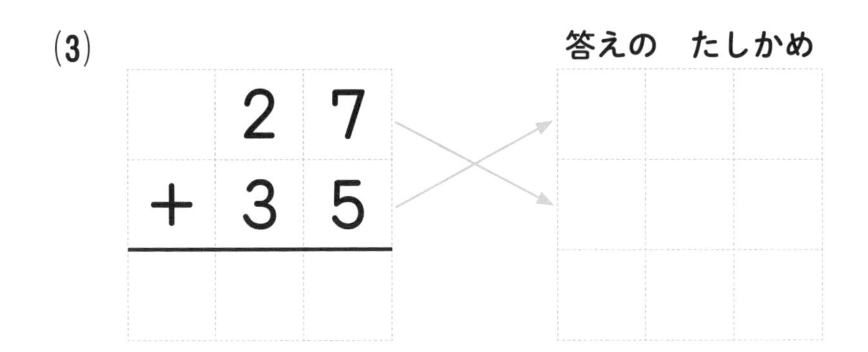


(4)

答えの　たしかめ

|  | 6 | 8 |
| --- | --- | --- |
| ＋ | 2 | 9 |
|  |  |  |

スパイラルコーナー

34人の　子どもに、１人に　１まいずつ　色紙を　くばると　６まい　たりませんでした。色紙は　何まい　ありましたか。

【ぜんぶできて10点】

（しき）

答え

# たし算の　ひっ算⑤

学しゅうした日　月　日

名前

とく点　／100点

1210
解説→172ページ

❶ 38＋43を　計算して、答えの　たしかめも　しましょう。【ぜんぶできて10点】

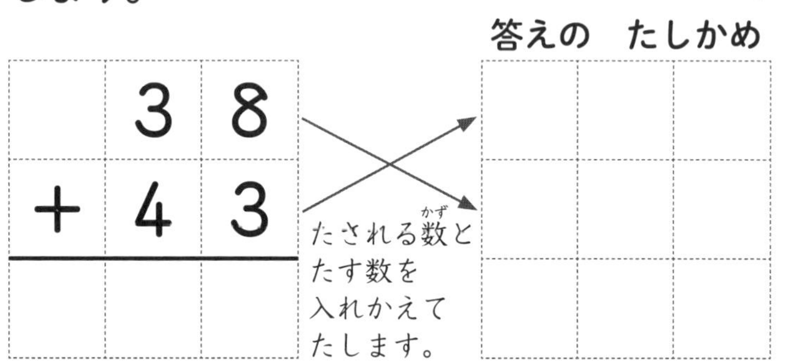


❷ つぎの　ひっ算を　して、答えの　たしかめも　しましょう。1つ20点【80点】

(1)

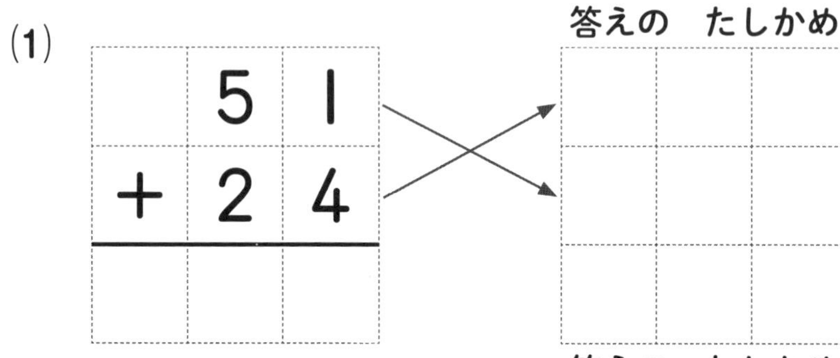


(2)

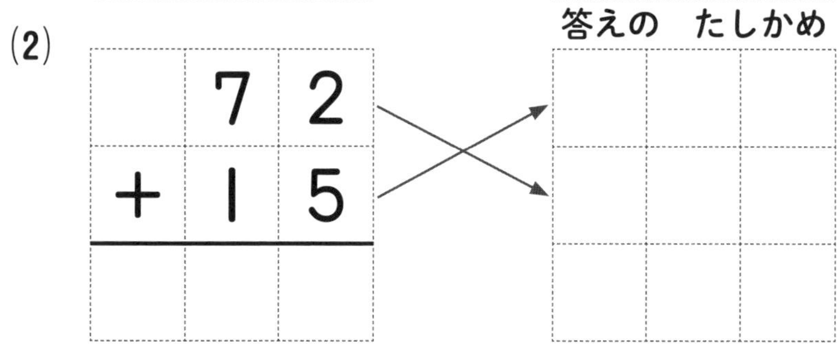


(3)

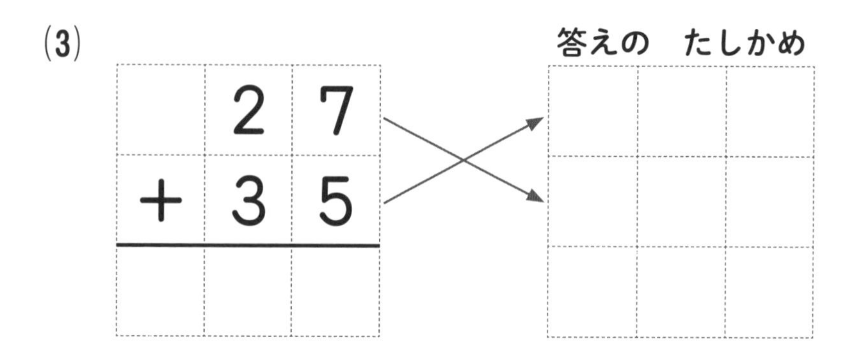


(4)

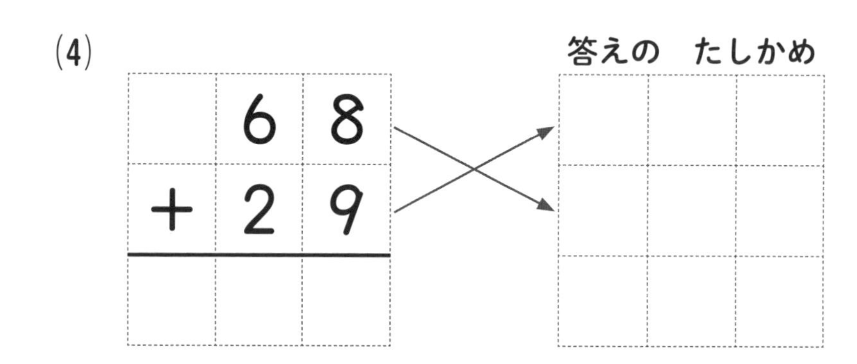


スパイラルコーナー

34人の　子どもに、1人に　1まいずつ　色紙を　くばると　6まい　たりませんでした。色紙は　何まい　ありましたか。【ぜんぶできて10点】

(しき)

答え

# まとめの　テスト❷

目ひょう時間 20分

学しゅうした日　月　日

名前

とく点　／100点

1211 解説→172ページ

❶ つぎの　計算(けいさん)を　ひっ算で　しましょう。　1つ8点【72点】

(1) 31＋25

(2) 37＋18

(3) 44＋53

(4) 19＋54

(5) 51＋27

(6) 23＋68

(7) 72＋17

(8) 28＋35

(9) 43＋39

❷ きのう、本を　17ページ　読(よ)みました。今日(きょう)は　22ページ　読みました。あわせて　何(なん)ページ　読みましたか。　【ぜんぶできて14点】

(しき)

(ひっ算)

答(こた)え

❸ 1人に　1本ずつ、68人に　ペンを　くばると、16本　あまりました。はじめに　ペンは　何本　ありましたか。　【ぜんぶできて14点】

(しき)

(ひっ算)

答え

\ もう1回チャレンジ!! /

# まとめの　テスト❷

目ひょう時間 20分

学しゅうした日　月　日

名前

とく点　／100点

1211 解説→172ページ

らくらくマルつけ

❶ つぎの　計算を　ひっ算で　しましょう。　1つ8点【72点】

(1)　31＋25　(2)　37＋18　(3)　44＋53

(4)　19＋54　(5)　51＋27　(6)　23＋68

(7)　72＋17　(8)　28＋35　(9)　43＋39

❷ きのう、本を　17ページ　読みました。今日は　22ページ　読みました。あわせて　何ページ　読みましたか。　【ぜんぶできて14点】

(しき)

(ひっ算)

答え

❸ 1人に　1本ずつ、68人に　ペンを　くばると、16本　あまりました。はじめに　ペンは　何本　ありましたか。　【ぜんぶできて14点】

(しき)

(ひっ算)

答え

# 12 ひき算の　ひっ算①

目ひょう時間 20分

学しゅうした日　月　日
名前
とく点　／100点

1212
解説→172ページ

**1 38－26を　ひっ算で　します。** 【ぜんぶできて18点】

① 一のくらいは　8－6です。
その　答えを　右の　アに
書きましょう。

② 十のくらいは　3－2です。
その　答えを　右の　イに
書きましょう。

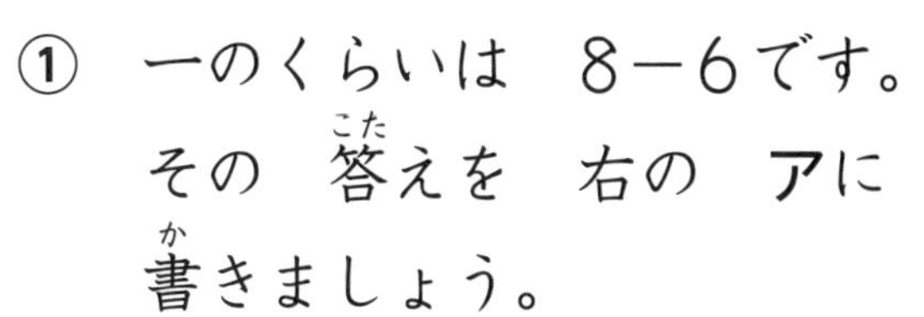

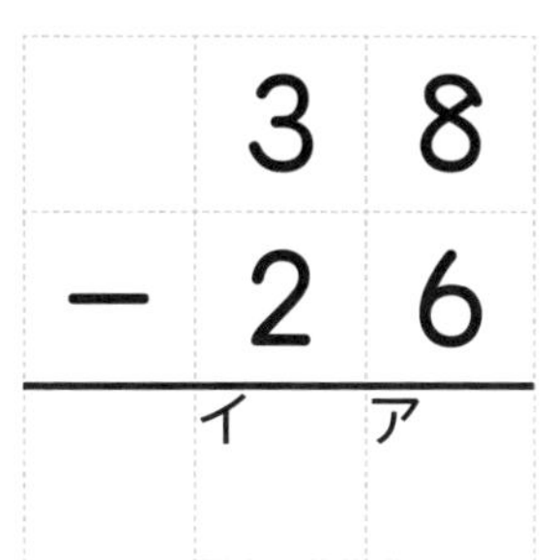


**2 つぎの　計算を　ひっ算で　しましょう。** 1つ6点【72点】

(1) 59－28　(2) 37－21　(3) 75－52

(4) 49－34　(5) 68－42　(6) 93－63

(7) 68－35　(8) 83－41　(9) 79－16

(10) 84－50　(11) 76－54　(12) 98－81

スパイラルコーナー

**ジュースが　24本　ありました。今日、12本買いました。ジュースは　ぜんぶで　何本　ありますか。** 【ぜんぶできて10点】

(しき)

答え

＼もう1回チャレンジ!!／

# ひき算(ざん)の　ひっ算(さん)①

学しゅうした日　　月　　日

名前

とく点

／100点

1212
解説→172ページ

らくらくマルつけ

**❶ 38−26を　ひっ算(さん)で　します。** 【ぜんぶできて18点】

① 一のくらいは　8−6です。
その　答(こた)えを　右の　アに
書(か)きましょう。

② 十のくらいは　3−2です。
その　答えを　右の　イに
書きましょう。

|   | 3 | 8 |
|---|---|---|
| − | 2 | 6 |
|   | イ | ア |

**❷ つぎの　計算(けいさん)を　ひっ算で　しましょう。** 1つ6点【72点】

(1) 59−28

(2) 37−21

(3) 75−52

(4) 49−34

(5) 68−42

(6) 93−63

(7) 68−35

(8) 83−41

(9) 79−16

(10) 84−50

(11) 76−54

(12) 98−81

スパイラルコーナー

ジュースが　24本　ありました。今日(きょう)、12本　買(か)いました。ジュースは　ぜんぶで　何本(なんぼん)　ありますか。 【ぜんぶできて10点】

(しき)

答え

# 13 ひき算(ざん)の　ひっ算(さん)②

目ひょう時間 20分

 学しゅうした日　月　日

名前

とく点

／100点

1213
解説→173ページ

**1** つぎの　計算(けいさん)を　ひっ算で　しましょう。 1つ6点【90点】

(1) 74－33　(2) 58－25　(3) 46－31

(4) 58－40　(5) 89－79　(6) 66－23

(7) 51－31　(8) 95－24　(9) 74－22

(10) 54－52　(11) 73－23　(12) 49－42

(13) 69－12　(14) 67－37　(15) 98－93

スパイラルコーナー

あめが　ふくろに　14こ、はこに　30こ　あります。あわせて　何(なん)こ　ありますか。【ぜんぶできて10点】

(しき)

答(こた)え

＼もう1回チャレンジ!! ／

# ひき算(ざん)の　ひっ算(さん)②

学しゅうした日　　月　　日

名前

とく点

／100点

1213
解説→173ページ

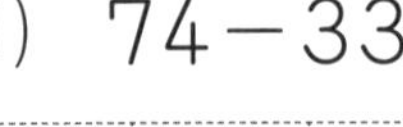

❶ つぎの　計算(けいさん)を　ひっ算で　しましょう。　1つ6点【90点】

(1) 74−33

(2) 58−25

(3) 46−31

(4) 58−40

(5) 89−79

(6) 66−23

(7) 51−31

(8) 95−24

(9) 74−22

(10) 54−52

(11) 73−23

(12) 49−42

(13) 69−12

(14) 67−37

(15) 98−93

スパイラルコーナー

あめが　ふくろに　14こ、はこに　30こ　あります。あわせて　何(なん)こ　ありますか。【ぜんぶできて10点】

(しき)

答(こた)え

# 14 ひき算の　ひっ算③

目ひょう時間 20分

学しゅうした日　　月　　日

名前

とく点　　／100点

1214
解説→173ページ

**1** **42−18を　ひっ算で　します。**　【ぜんぶできて18点】

① 十のくらいの　4を　3と　1に分けて、12−8を　計算します。答えを　アに　書きましょう。

② 十のくらいは　3−1を計算します。答えを　イに書きましょう。

|  | 3 | 1 |
|---|---|---|
|  | 4 | 2 |
| − | 1 | 8 |
|  | イ | ア |

**2** **つぎの　計算を　ひっ算で　しましょう。**　1つ6点【72点】

(1) 62−35

(2) 73−17

(3) 42−29

(4) 56−27

(5) 70−34

(6) 64−48

(7) 81−56

(8) 74−39

(9) 34−16

(10) 47−19

(11) 87−38

(12) 91−57

スパイラルコーナー

どんぐりを　ゆみさんは　28こ、弟は　19こひろいました。あわせて　何こ　ひろいましたか。

【ぜんぶできて10点】

(しき)

答え

＼もう1回チャレンジ!!／

# 14 ひき算の　ひっ算③

目ひょう時間 20分

学しゅうした日　月　日

名前

とく点　／100点

1214
解説→173ページ

❶ 42－18を　ひっ算で　します。【ぜんぶできて18点】

① 十のくらいの　4を　3と　1に分けて、12－8を　計算します。答えを　アに　書きましょう。

② 十のくらいは　3－1を計算します。答えを　イに書きましょう。

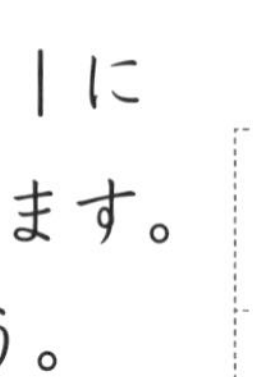

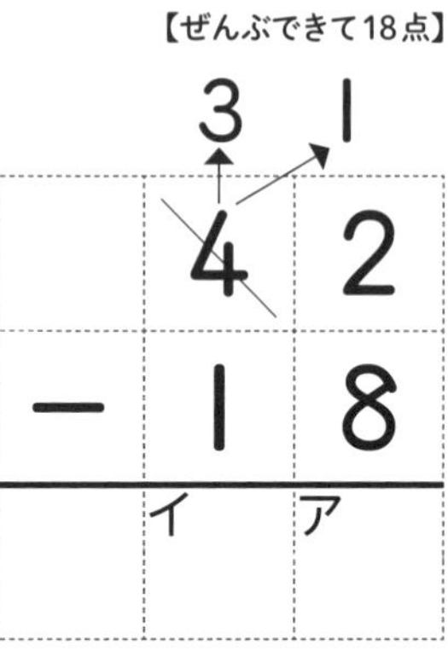

❷ つぎの　計算を　ひっ算で　しましょう。1つ6点【72点】

(1) 62－35

(2) 73－17

(3) 42－29

(4) 56－27

(5) 70－34

(6) 64－48

(7) 81－56

(8) 74－39

(9) 34－16

(10) 47－19

(11) 87－38

(12) 91－57

スパイラルコーナー　どんぐりを　ゆみさんは　28こ、弟は　19こひろいました。あわせて　何こ　ひろいましたか。【ぜんぶできて10点】

(しき)

答え

# 15 ひき算の　ひっ算④

学しゅうした日　月　日
名前
とく点　／100点

1215
解説→173ページ

**1** つぎの　計算を　ひっ算で　しましょう。　1つ6点【90点】

(1) 61－23

(2) 72－46

(3) 53－37

(4) 71－59

(5) 65－36

(6) 83－48

(7) 57－29

(8) 65－18

(9) 92－57

(10) 64－58

(11) 40－36

(12) 95－87

(13) 82－73

(14) 71－66

(15) 50－48

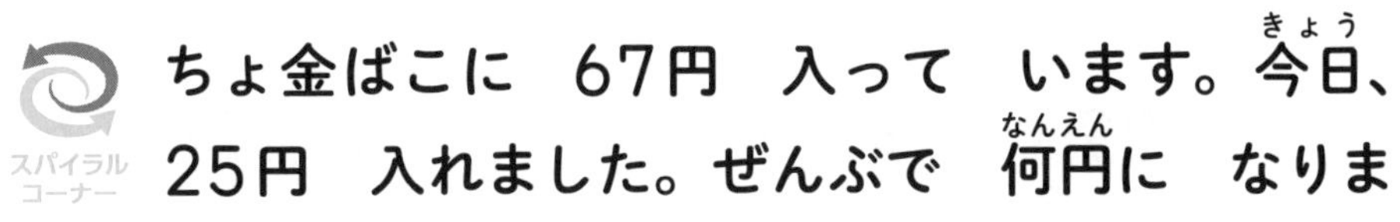

スパイラルコーナー

ちょ金ばこに　67円　入って　います。今日、25円　入れました。ぜんぶで　何円に　なりましたか。　【ぜんぶできて10点】

(しき)

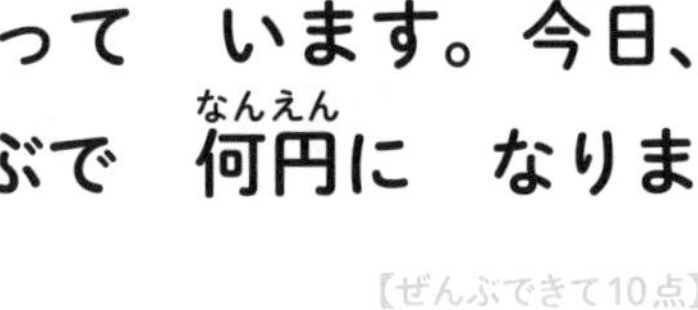

答え

# 15 ひき算の　ひっ算④

学しゅうした日　月　日

名前

とく点　／100点

1215 解説→173ページ

らくらくマルつけ

**❶ つぎの　計算を　ひっ算で　しましょう。** 1つ6点【90点】

(1)　61−23　(2)　72−46　(3)　53−37

(4)　71−59　(5)　65−36　(6)　83−48

(7)　57−29　(8)　65−18　(9)　92−57

(10)　64−58　(11)　40−36　(12)　95−87

(13)　82−73　(14)　71−66　(15)　50−48

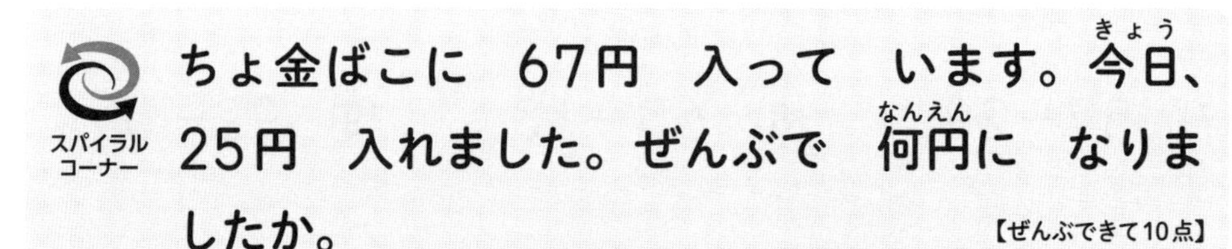

スパイラルコーナー

ちょ金ばこに　67円　入って　います。今日、25円　入れました。ぜんぶで　何円に　なりましたか。【ぜんぶできて10点】

(しき)

答え

# 16 ひき算の　ひっ算⑤

学しゅうした日　月　日

名前

とく点

／100点

1216
解説→174ページ

**1** 57－39を　計算して、答えの　たしかめも　しましょう。【ぜんぶできて10点】

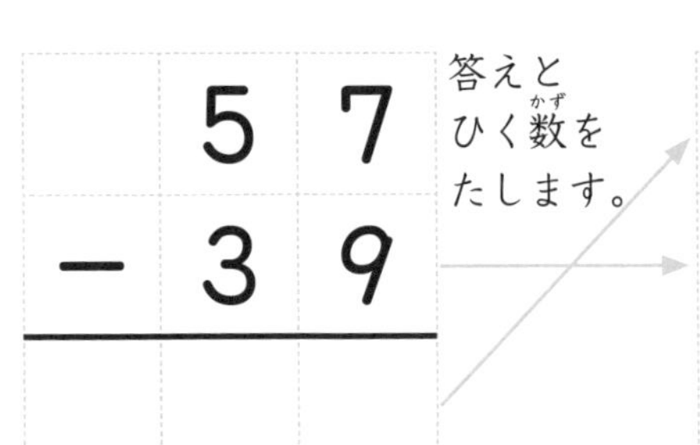


**2** つぎの　ひっ算を　して、答えの　たしかめも　しましょう。1つ20点【80点】

(1)

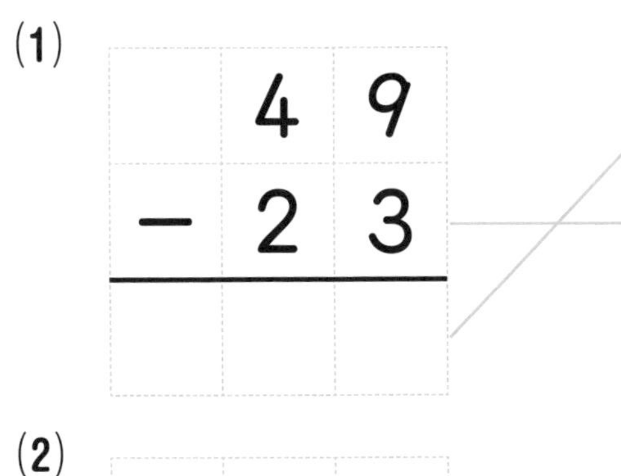


(2)

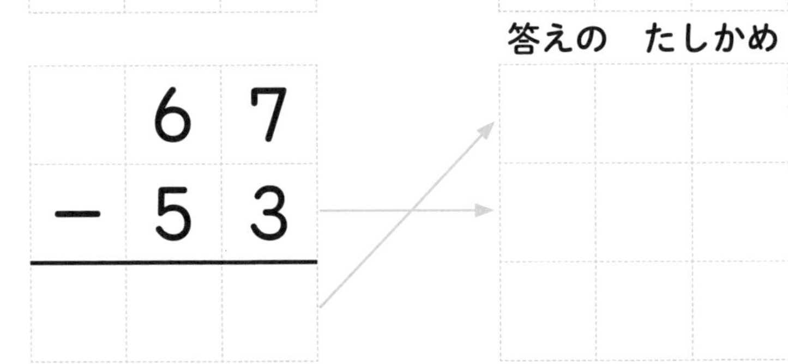


(3)

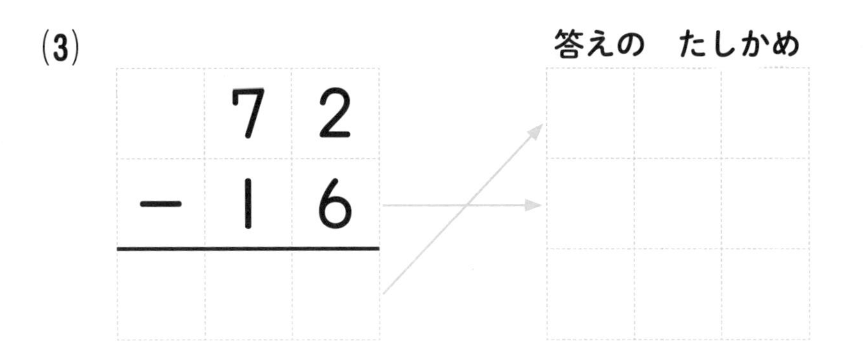


(4)

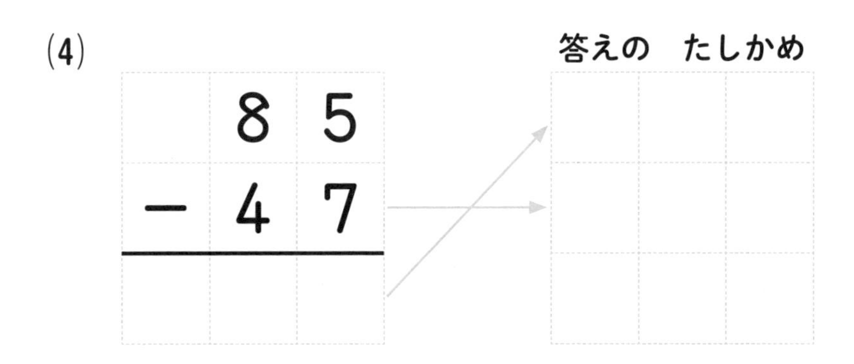


スパイラルコーナー

なみさんは　きのうまでに　本を　63ページ　読みました。今日は　28ページ　読みました。ぜんぶで　何ページ　読みましたか。【ぜんぶできて10点】

(しき)

答え

# ひき算の　ひっ算⑤

学しゅうした日　月　日

名前

とく点　／100点

1216
解説→174ページ

❶ 57－39を　計算して、答えの　たしかめも　しましょう。【ぜんぶできて10点】

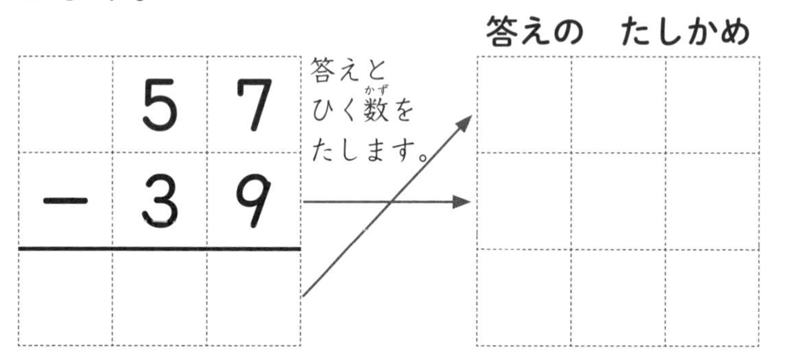


❷ つぎの　ひっ算を　して、答えの　たしかめも　しましょう。1つ20点【80点】

(1)

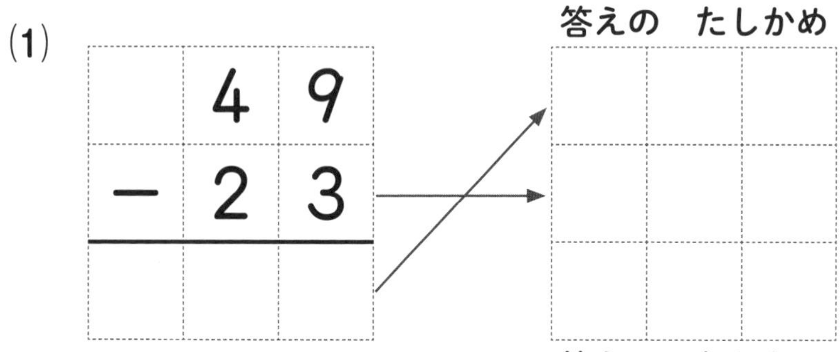


(2)

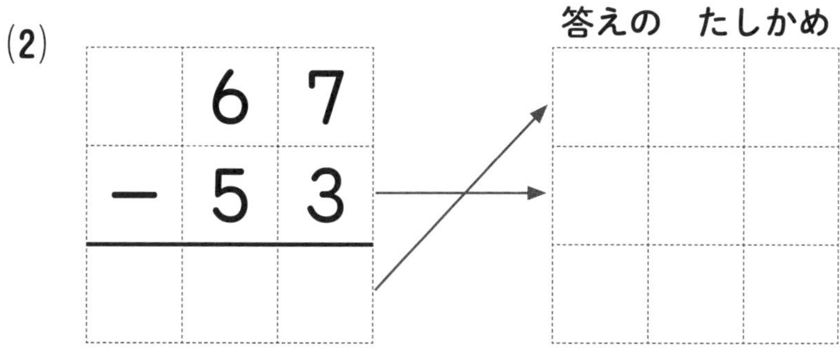


(3)

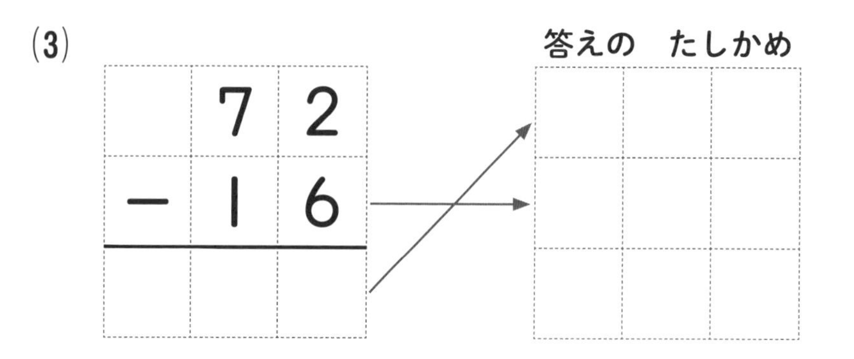


(4)

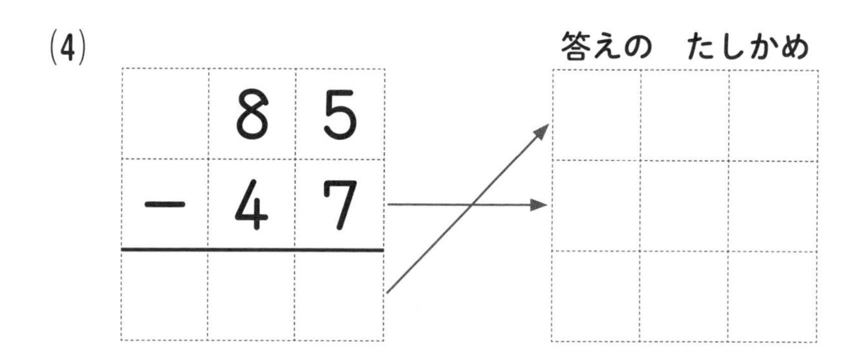


スパイラルコーナー

なみさんは　きのうまでに　本を　63ページ　読みました。今日は　28ページ　読みました。ぜんぶで　何ページ　読みましたか。【ぜんぶできて10点】

(しき)

答え

# 17 まとめの　テスト③

学しゅうした日　月　日

名前

とく点　／100点

**1** つぎの　計算(けいさん)を　ひっ算で　しましょう。　1つ8点【72点】

(1)　26－12

(2)　61－28

(3)　47－27

(4)　98－43

(5)　72－29

(6)　54－38

(7)　83－56

(8)　58－53

(9)　76－67

**2** かなさんは　色紙(いろがみ)を　36まい　もって　います。妹(いもうと)に　14まい　あげると、のこりは　何(なん)まいに　なりますか。　【ぜんぶできて14点】

(しき)

(ひっ算)

答(こた)え

**3** 55人のりの　バスに　29人　のりました。あと　何人　のれますか。　【ぜんぶできて14点】

(しき)

(ひっ算)

答え

# 17 まとめの　テスト③

目ひょう時間 20分

学しゅうした日　月　日

名前

とく点　／100点

1217
解説→174ページ

らくらくマルつけ

❶ つぎの　計算(けいさん)を　ひっ算で　しましょう。　1つ8点【72点】

(1) 26－12　(2) 61－28　(3) 47－27

(4) 98－43　(5) 72－29　(6) 54－38

(7) 83－56　(8) 58－53　(9) 76－67

❷ かなさんは　色紙(いろがみ)を　36まい　もって　います。妹(いもうと)に　14まい　あげると、のこりは　何(なん)まいに　なりますか。　【ぜんぶできて14点】

(しき)

(ひっ算)

答(こた)え

❸ 55人のりの　バスに　29人　のりました。あと何人　のれますか。　【ぜんぶできて14点】

(しき)

(ひっ算)

答え

# たし算と　ひき算①

学しゅうした日　月　日

名前

とく点

／100点

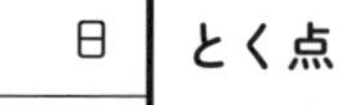

1218
解説→174ページ

**1** つぎの　計算を　ひっ算で　しましょう。 1つ8点【72点】

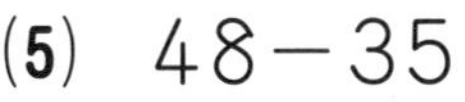

**2** まみさんは　なわとびで　きのうは　49回、今日は　57回　とびました。今日は　きのうより　何回　多く　とびましたか。 【ぜんぶできて14点】

(しき)

(ひっ算)

答え

スパイラルコーナー

つぎの　ひっ算を　して、答えの　たしかめも　しましょう。 【ぜんぶできて14点】

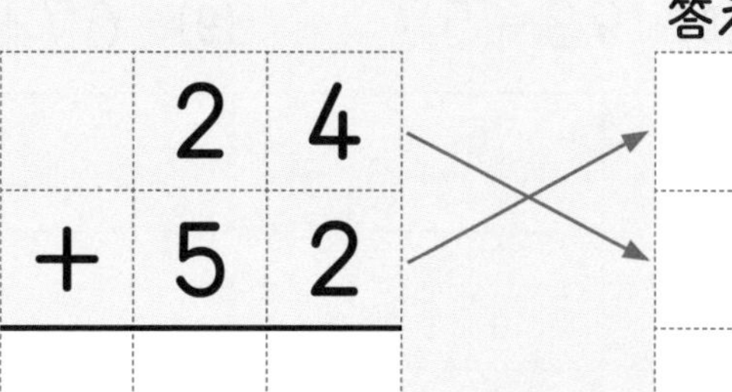

# 18 たし算と　ひき算①

目ひょう時間 20分

学しゅうした日　　月　　日

名前

とく点　　／100点

らくらくマルつけ

1218 解説→174ページ

❶ つぎの　計算を　ひっ算で　しましょう。　1つ8点【72点】

(1) 12＋25　(2) 56－32　(3) 46＋15

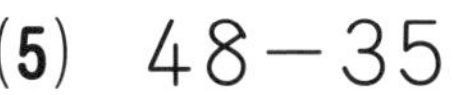

(4) 61－44　(5) 48－35　(6) 38＋54

(7) 24＋71　(8) 93－57　(9) 67＋19

❷ まみさんは　なわとびで　きのうは　49回、今日は　57回　とびました。今日は　きのうより　何回　多く　とびましたか。　【ぜんぶできて14点】

(しき)

(ひっ算)

答え

スパイラルコーナー

つぎの　ひっ算を　して、答えの　たしかめも　しましょう。　【ぜんぶできて14点】

|   | 2 | 4 |
|---|---|---|
| ＋ | 5 | 2 |
|   |   |   |

答えの　たしかめ

# たし算と　ひき算②

目ひょう時間 20分

学しゅうした日　月　日

名前

とく点　／100点

らくらくマルつけ

1219
解説→175ページ

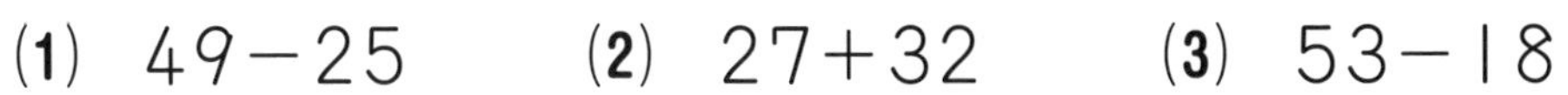

❶ つぎの　計算を　ひっ算で　しましょう。　1つ8点【72点】

(1) 49－25　(2) 27＋32　(3) 53－18

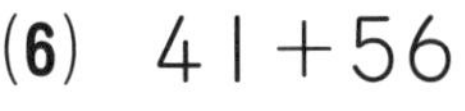

(4) 36＋28　(5) 65－45　(6) 41＋56

(7) 87－72　(8) 16＋59　(9) 92－84

❷ 公園に　おとなが　18人、子どもが　25人　います。ぜんぶで　何人　いますか。　【ぜんぶできて14点】

(しき)

(ひっ算)

答え

スパイラルコーナー

つぎの　ひっ算を　して、答えの　たしかめも　しましょう。　【ぜんぶできて14点】

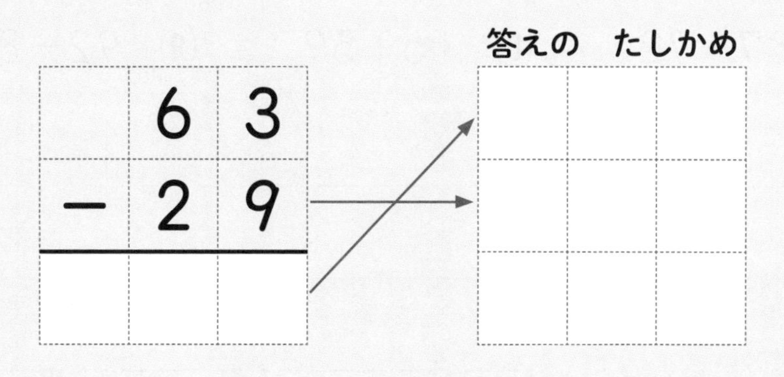

＼もう１回チャレンジ!!／

# たし算と　ひき算②

目ひょう時間 20分

学しゅうした日　　月　　日

名前

とく点　／100点

1219 解説→175ページ

❶ つぎの　計算を　ひっ算で　しましょう。　1つ8点【72点】

(1)　49－25　(2)　27＋32　(3)　53－18

(4)　36＋28　(5)　65－45　(6)　41＋56

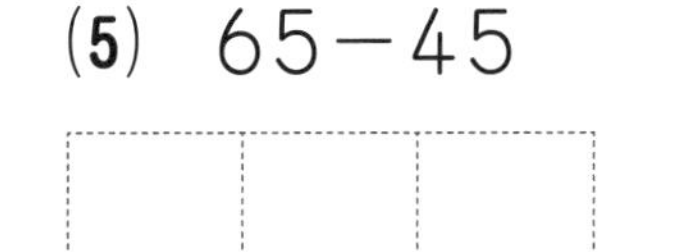

(7)　87－72　(8)　16＋59　(9)　92－84

❷ 公園に　おとなが　18人、子どもが　25人　います。ぜんぶで　何人　いますか。　【ぜんぶできて14点】

(しき)

(ひっ算)

答え

スパイラルコーナー　つぎの　ひっ算を　して、答えの　たしかめも　しましょう。　【ぜんぶできて14点】

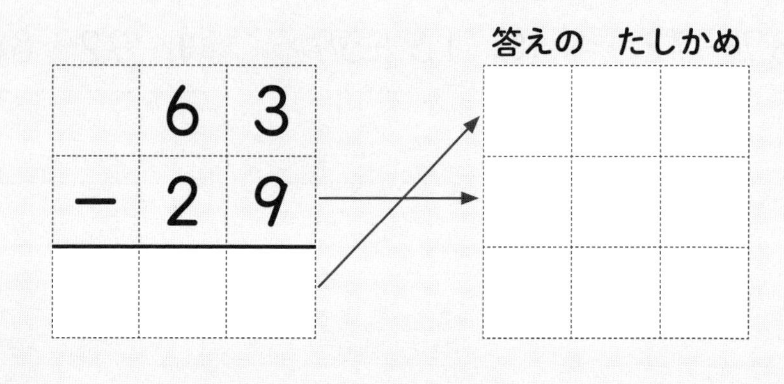

# パズル①

学しゅうした日　　月　　日

名前

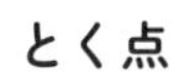

とく点

／100点

1220
解説→175ページ

**1** ◯に　＋か　－を入れて、しきを　つくりましょう。

1つ7点【28点】

(1) 32◯24◯36＝20

(2) 53◯37◯11＝27

(3) 25◯17◯41＝83

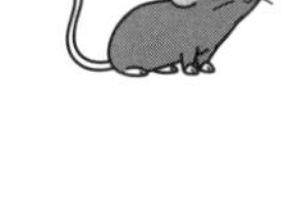

(4) 57◯19◯23＝15

**2** ◯に　入る　数(かず)を　書(か)きましょう。

1つ6点【72点】

(1)
```
   ◯ 6
 + 3 ◯
 ─────
   7 8
```

(2)
```
   2 ◯
 + ◯ 4
 ─────
   8 9
```

(3)
```
   5 ◯
 + 2 6
 ─────
   ◯ 6
```

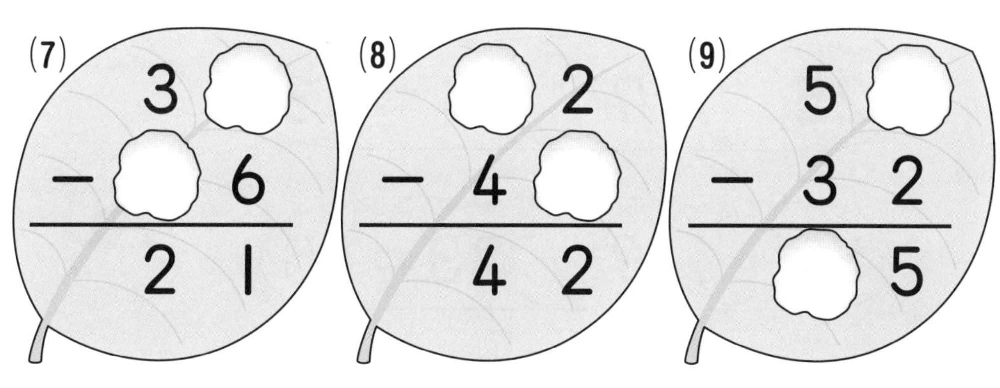


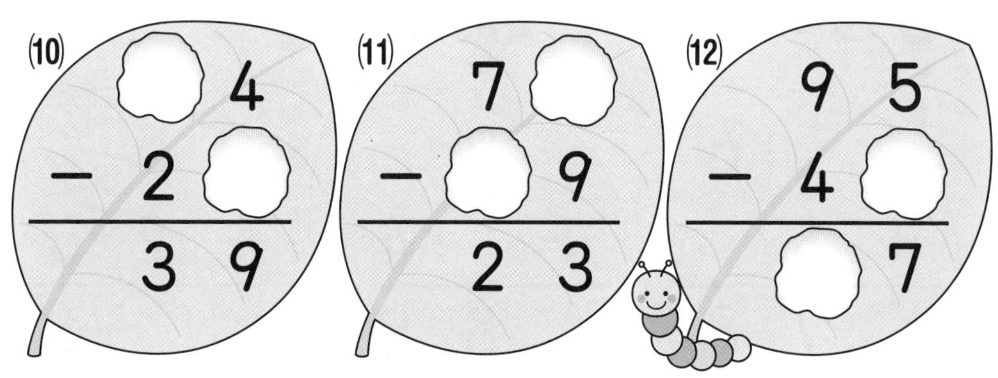

\ もう１回チャレンジ!! /

# 20 パズル①

学しゅうした日　月　日

名前

とく点

／100点

1220
解説→175ページ

**❶** ◯に　＋か　－を入れて、しきを　つくりましょう。

1つ7点【28点】

(1) 32◯24◯36＝20

(2) 53◯37◯11＝27

(3) 25◯17◯41＝83

(4) 57◯19◯23＝15

**❷** ◯に　入る　数（かず）を　書（か）きましょう。

1つ6点【72点】

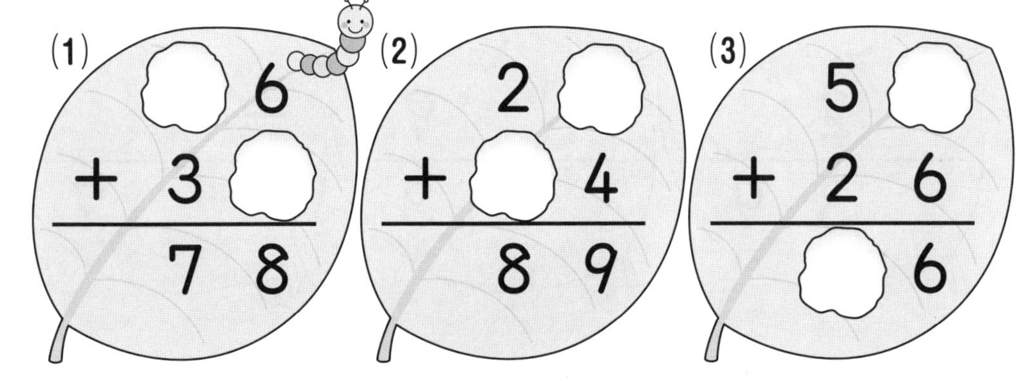

(1) ◯6 ＋3◯ ＝78

(2) 2◯ ＋◯4 ＝89

(3) 5◯ ＋26 ＝◯6

(4) ◯8 ＋2◯ ＝47

(5) 5◯ ＋◯7 ＝83

(6) 34 ＋4◯ ＝◯1

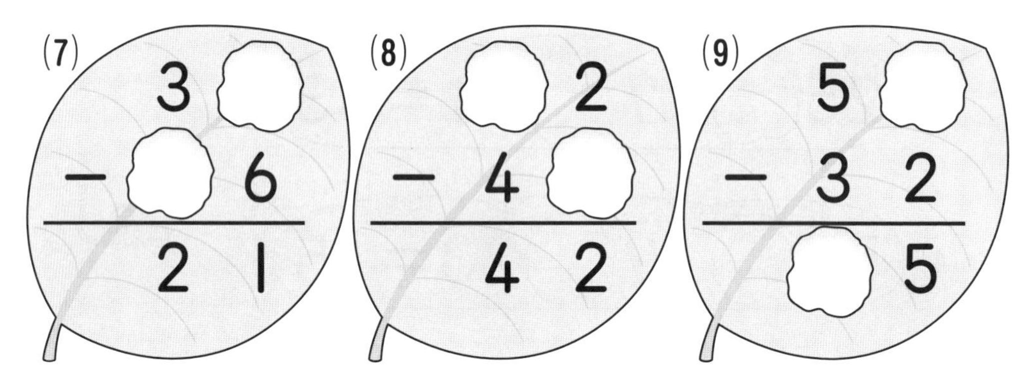

(7) 3◯ －◯6 ＝21

(8) ◯2 －4◯ ＝42

(9) 5◯ －32 ＝◯5

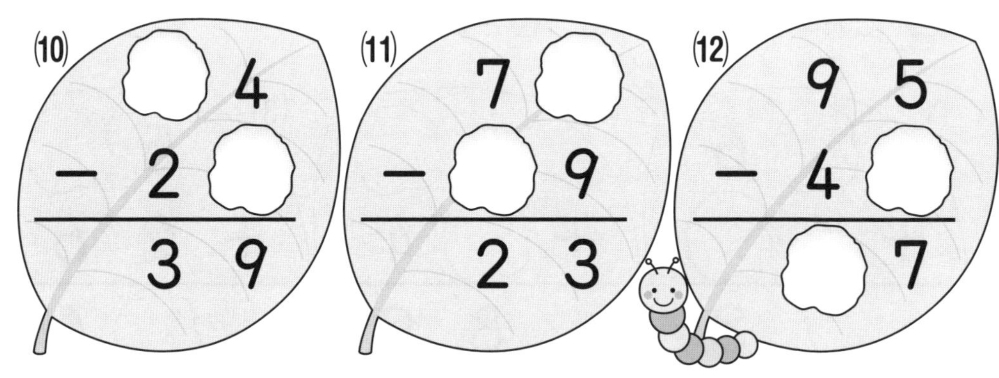

(10) ◯4 －2◯ ＝39

(11) 7◯ －◯9 ＝23

(12) 95 －4◯ ＝◯7

# 長さ（cm、mm）①

学しゅうした日　月　日

名前

とく点　／100点

1221
解説→175ページ

## 1 □に 入る 数を 書きましょう。 1つ6点【24点】

(1) 1cm＝10mmです。3cmは、1cmが 3つ、つまり10mmが 3つなので、

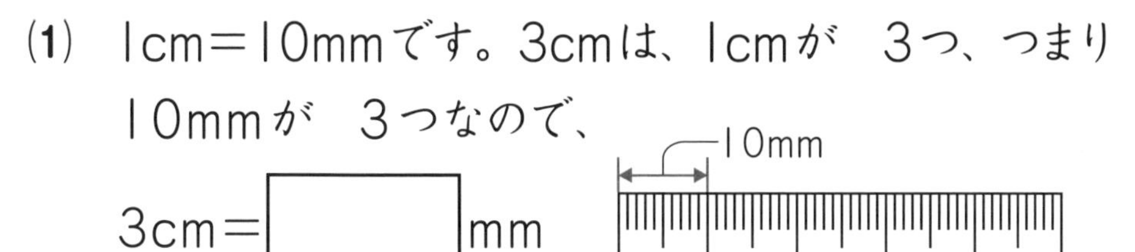


3cm＝□mm

(2) 5cm＝□mm

(3) 4cm8mm＝□mm

(4) 26mm＝□cm□mm

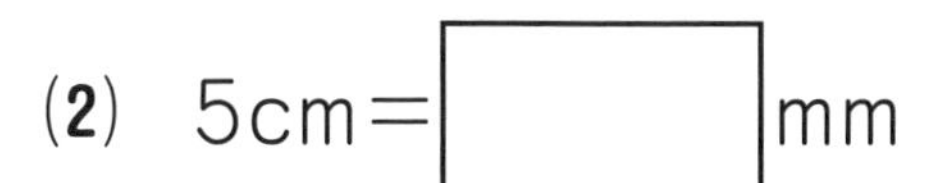

## 2 計算を しましょう。 1つ8点【64点】

(1) 2cm＋5cm＝

(2) 6cm＋4cm＝

(3) 5mm＋3mm＝

(4) 8mm＋1mm＝

(5) 9cm－4cm＝

(6) 10cm－8cm＝

(7) 7mm－2mm＝

(8) 8mm－4mm＝

スパイラルコーナー

みゆさんは 赤い おはじきを 19こ、青い おはじきを 32こ もって います。青い おはじきは、赤い おはじきより 何こ 多いですか。

【ぜんぶできて12点】

(しき)

答え □

＼もう1回チャレンジ!! ／

# 長さ（cm、mm）①

目ひょう時間 20分

学しゅうした日　月　日

名前

とく点　／100点

1221 解説→175ページ

❶ □に 入る 数を 書きましょう。　1つ6点【24点】

(1) 1cm＝10mmです。3cmは、1cmが 3つ、つまり 10mmが 3つなので、

3cm＝□mm

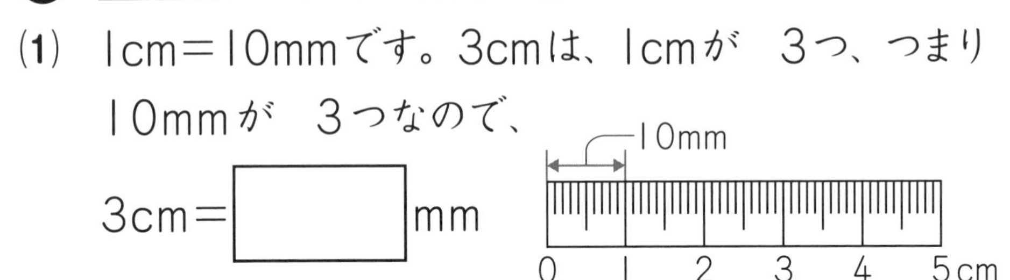


(2) 5cm＝□mm

(3) 4cm8mm＝□mm

(4) 26mm＝□cm□mm

❷ 計算を しましょう。　1つ8点【64点】

(1) 2cm＋5cm＝

(2) 6cm＋4cm＝

(3) 5mm＋3mm＝

(4) 8mm＋1mm＝

(5) 9cm－4cm＝

(6) 10cm－8cm＝

(7) 7mm－2mm＝

(8) 8mm－4mm＝

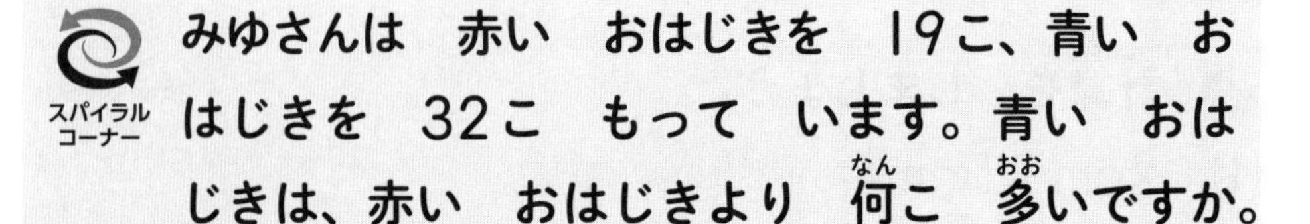

スパイラルコーナー

みゆさんは 赤い おはじきを 19こ、青い おはじきを 32こ もって います。青い おはじきは、赤い おはじきより 何こ 多いですか。

【ぜんぶできて12点】

（しき）

答え □

# 長さ（cm、mm）②

学しゅうした日　月　日

名前

とく点

／100点

1222
解説→176ページ

らくらくマルつけ

**❶ 計算を　しましょう。** 1つ8点【64点】

(1) 3cm1mm＋6mm＝

(2) 5cm2mm＋4mm＝

(3) 3cm6mm＋2cm＝

(4) 4cm3mm＋5cm＝

(5) 9cm8mm－6mm＝

(6) 4cm9mm－9mm＝

(7) 5cm7mm－3cm＝

(8) 8cm5mm－4cm＝

**❷ けずった　2本の　えんぴつの　長さを　はかると　8cm9mmと　7cmでした。**

【24点】

(1) あわせた　長さは　どれだけですか。（ぜんぶできて12点）

(しき)

答え

(2) 長さの　ちがいは　どれだけですか。（ぜんぶできて12点）

(しき)

答え

スパイラルコーナー

**色紙が　60まい　あります。24まい　つかうと　何まい　のこりますか。**【ぜんぶできて12点】

(しき)

答え

# 長さ（cm、mm）②

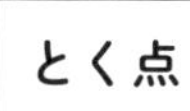

学しゅうした日　　月　　日

名前

とく点　　／100点

1222
解説→176ページ

**❶ 計算を　しましょう。** 1つ8点【64点】

(1) 3cm1mm＋6mm＝

(2) 5cm2mm＋4mm＝

(3) 3cm6mm＋2cm＝

(4) 4cm3mm＋5cm＝

(5) 9cm8mm－6mm＝

(6) 4cm9mm－9mm＝

(7) 5cm7mm－3cm＝

(8) 8cm5mm－4cm＝

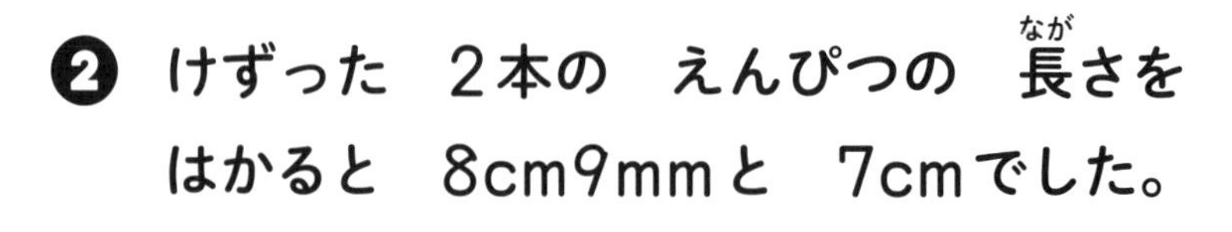

**❷ けずった　２本の　えんぴつの　長さを　はかると　8cm9mmと　7cmでした。** 【24点】

(1) あわせた　長さは　どれだけですか。 （ぜんぶできて12点）

(しき)

答え

(2) 長さの　ちがいは　どれだけですか。 （ぜんぶできて12点）

(しき)

答え

スパイラルコーナー

**色紙が　60まい　あります。24まい　つかうと　何まい　のこりますか。** 【ぜんぶできて12点】

(しき)

答え

# 23 まとめの テスト④

学しゅうした日　　月　　日

名前

とく点

／100点

1223
解説→176ページ

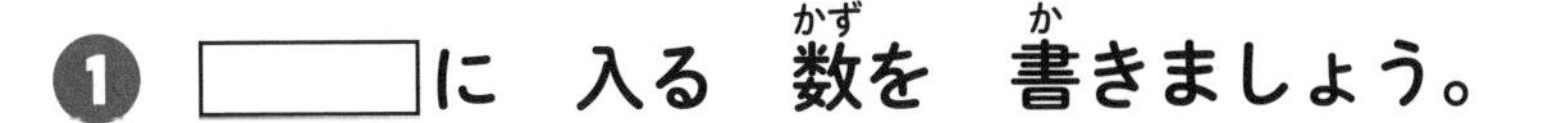

## ❶ □に 入る 数を 書きましょう。　1つ10点【20点】

(1) 4cm7mm＝□mm

(2) 53mm＝□cm□mm

## ❷ 計算を しましょう。　1つ10点【60点】

(1) 3cm＋7cm＝

(2) 6mm－4mm＝

(3) 2cm3mm＋6cm＝

(4) 4cm1mm＋5mm＝

(5) 8cm7mm－6mm＝

(6) 5cm9mm－5cm＝

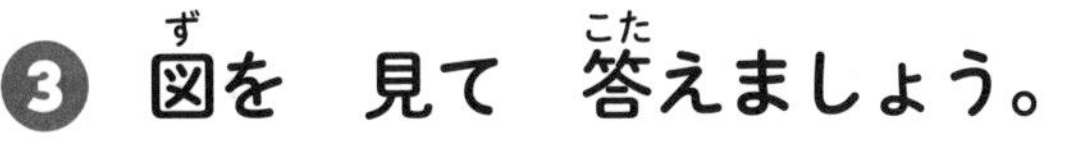

## ❸ 図を 見て 答えましょう。　【20点】

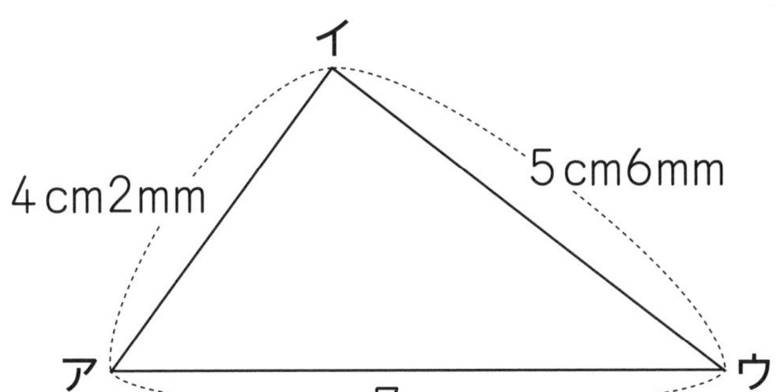


(1) アから イまでの 長さと、イから ウまでの 長さを たすと、何cm何mmに なりますか。　(ぜんぶできて10点)

(しき)

答え □

(2) (1)の 長さと、アから ウまでの 長さの ちがいは どれだけですか。　(ぜんぶできて10点)

(しき)

答え □

# 23 まとめの テスト❹

学しゅうした日 月 日

名前

とく点 ／100点

1223
解説→176ページ

## ❶ □に 入る 数を 書きましょう。 1つ10点【20点】

(1) 4cm7mm＝□mm

(2) 53mm＝□cm□mm

## ❷ 計算を しましょう。 1つ10点【60点】

(1) 3cm＋7cm＝

(2) 6mm－4mm＝

(3) 2cm3mm＋6cm＝

(4) 4cm1mm＋5mm＝

(5) 8cm7mm－6mm＝

(6) 5cm9mm－5cm＝

## ❸ 図を 見て 答えましょう。 【20点】

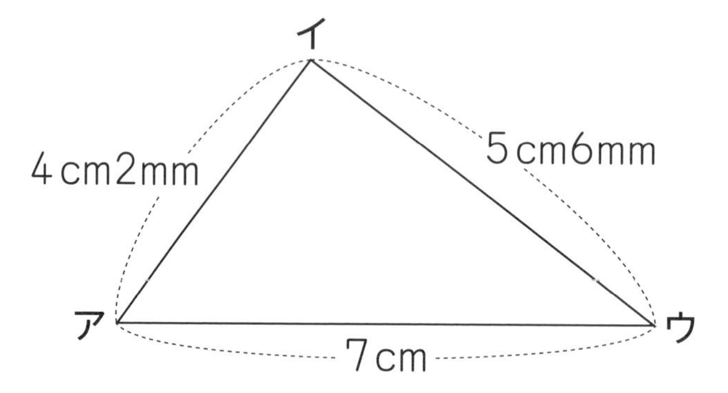


(1) アから イまでの 長さと、イから ウまでの 長さを たすと、何cm何mmに なりますか。

（ぜんぶできて10点）

(しき)

答え □

(2) (1)の 長さと、アから ウまでの 長さの ちがいは どれだけですか。 （ぜんぶできて10点）

(しき)

答え □

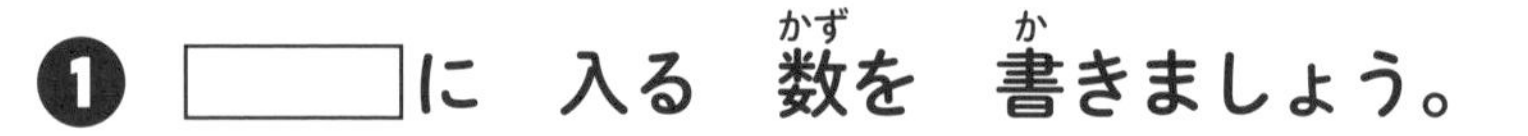

# 100より　大きい　数①

学しゅうした日　　月　　日

名前

とく点

／100点

解説→176ページ

## ❶ □に　入る　数を　書きましょう。　1つ10点【70点】

(1) 100を　4こ　あつめた　数は　□　です。

(2) 100を　6こ、10を　4こ、1を　7こ　あわせた　数は　□　です。

(3) 100を　8こ、1を　2こ　あわせた　数は　□　です。

(4) 100を　10こ　あつめた　数は　□　です。

(5) 499より　1　大きい　数は　□　です。

(6) 700より　1　小さい　数は　□　です。

(7) 999より　1　大きい　数は　□　です。

## ❷ □に　入る　数を　書きましょう。　【10点】

(1) 294の　百のくらいの　数は　□、十のくらいの　数は　□、一のくらいの　数は　□　です。

(ぜんぶできて5点)

(2) 703の　百のくらいの　数は　□、十のくらいの　数は　□、一のくらいの　数は　□　です。

(ぜんぶできて5点)

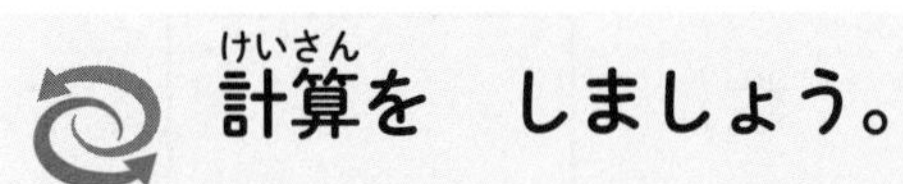

## スパイラルコーナー　計算を　しましょう。　1つ5点【20点】

(1) 3cm＋2cm＝

(2) 6cm－4cm＝

(3) 9mm－3mm＝

(4) 7mm＋2mm＝

# 100より　大きい　数①

目ひょう時間 20分

学しゅうした日　月　日

名前

とく点　／100点

1224
解説→176ページ

❶ □に　入る　数を　書きましょう。　1つ10点【70点】

(1) 100を　4こ　あつめた　数は □ です。

(2) 100を　6こ、10を　4こ、1を　7こ　あわせた　数は □ です。

(3) 100を　8こ、1を　2こ　あわせた　数は □ です。

(4) 100を　10こ　あつめた　数は □ です。

(5) 499より　1　大きい　数は □ です。

(6) 700より　1　小さい　数は □ です。

(7) 999より　1　大きい　数は □ です。

❷ □に　入る　数を　書きましょう。　【10点】

(1) 294の　百のくらいの　数は □、十のくらいの　数は □、一のくらいの　数は □ です。

（ぜんぶできて5点）

(2) 703の　百のくらいの　数は □、十のくらいの　数は □、一のくらいの　数は □ です。

（ぜんぶできて5点）

スパイラルコーナー

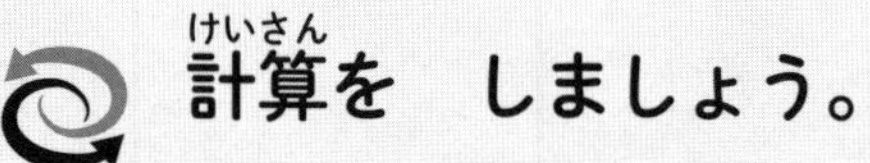

計算を　しましょう。　1つ5点【20点】

(1) 3cm＋2cm＝

(2) 6cm－4cm＝

(3) 9mm－3mm＝

(4) 7mm＋2mm＝

# 100より　大きい　数②

目ひょう時間 20分

学しゅうした日　　月　　日

名前

とく点　　／100点

1225
解説→176ページ

**1** □に　入る　数を　書きましょう。【10点】

(1) 70は　10が □ こ、60は　10が □ こで、あわせると、10が □ こに　なるので、

70＋60＝□　（ぜんぶできて5点）

(2) 140は　10が □ こ、90は　10が □ こで、ひくと、10が □ こに　なるので、140－90＝□　（ぜんぶできて5点）

**2** 計算を　しましょう。1つ5点【80点】

(1) 50＋60＝　　(2) 80＋70＝

(3) 90＋40＝　　(4) 30＋90＝

(5) 80＋80＝　　(6) 90＋60＝

(7) 40＋70＝　　(8) 80＋90＝

(9) 110－20＝　　(10) 140－80＝

(11) 120－50＝　　(12) 130－80＝

(13) 160－70＝　　(14) 110－80＝

(15) 150－70＝　　(16) 160－90＝

スパイラルコーナー

計算を　しましょう。1つ5点【10点】

(1) 4cm2mm＋3cm＝

(2) 6cm9mm－8mm＝

＼もう1回チャレンジ!!／

# 100より　大きい　数②

目ひょう時間 20分

学しゅうした日　月　日

名前

とく点　／100点

1225 解説→176ページ

**1** □に　入る　数を　書きましょう。【10点】

(1) 70は　10が □ こ、60は　10が □ こで、あわせると、10が □ こに　なるので、

70＋60＝□　（ぜんぶできて5点）

(2) 140は　10が □ こ、90は　10が □ こで、ひくと、10が □ こに　なるので、140−90＝□（ぜんぶできて5点）

**2** 計算を　しましょう。　1つ5点【80点】

(1) 50＋60＝　(2) 80＋70＝

(3) 90＋40＝　(4) 30＋90＝

(5) 80＋80＝　(6) 90＋60＝

(7) 40＋70＝　(8) 80＋90＝

(9) 110−20＝　(10) 140−80＝

(11) 120−50＝　(12) 130−80＝

(13) 160−70＝　(14) 110−80＝

(15) 150−70＝　(16) 160−90＝

スパイラルコーナー

計算を　しましょう。　1つ5点【10点】

(1) 4cm2mm＋3cm＝

(2) 6cm9mm−8mm＝

# 100より　大きい　数(かず)③

目ひょう時間 20分

学しゅうした日　月　日

名前

とく点　／100点

1226
解説→177ページ

❶ □に　入る　数(かず)を　書(か)きましょう。【10点】

(1) 500 は　100 が □ こ、300 は 100が □ こで、あわせると、100が □ こなので、500＋300＝□

（ぜんぶできて5点）

(2) 700 は　100 が □ こ、400 は 100が □ こで、ひくと、100が □ こなので、700－400＝□

（ぜんぶできて5点）

❷ 計算(けいさん)を　しましょう。　1つ5点【80点】

(1) 200＋400＝

(2) 100＋600＝

(3) 700＋200＝

(4) 400＋300＝

(5) 500＋400＝

(6) 600＋300＝

(7) 200＋500＝

(8) 300＋700＝

(9) 300－100＝

(10) 500－200＝

(11) 700－300＝

(12) 400－100＝

(13) 800－600＝

(14) 600－200＝

(15) 900－300＝

(16) 1000－600＝

スパイラルコーナー

9cm5mmの　テープから、6cmの　テープを切(き)りとりました。のこりは　何(なん)cmですか。

【ぜんぶできて10点】

(しき)

答(こた)え □

# 100より　大きい　数③

学しゅうした日　　月　　日

名前

とく点

／100点

1226
解説→177ページ

**❶ □に　入る　数を　書きましょう。** 【10点】

(1) 500 は　100 が　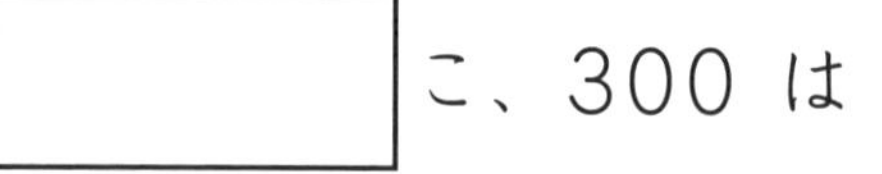□こ、300 は

100が　□こで、あわせると、100が

□こなので、500＋300＝□

（ぜんぶできて5点）

(2) 700 は　100 が　□こ、400 は

100が　□こで、ひくと、100が

□こなので、700－400＝□

（ぜんぶできて5点）

**❷ 計算を　しましょう。** 1つ5点【80点】

(1) 200＋400＝　　(2) 100＋600＝

(3) 700＋200＝　　(4) 400＋300＝

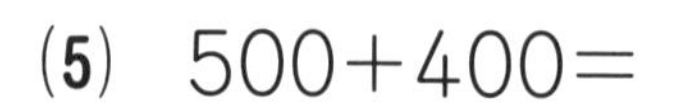

(5) 500＋400＝　　(6) 600＋300＝

(7) 200＋500＝　　(8) 300＋700＝

(9) 300－100＝　　(10) 500－200＝

(11) 700－300＝　　(12) 400－100＝

(13) 800－600＝　　(14) 600－200＝

(15) 900－300＝　　(16) 1000－600＝

スパイラルコーナー

**9cm5mmの　テープから、6cmの　テープを　切りとりました。のこりは　何cmですか。**

【ぜんぶできて10点】

(しき)

答え □

# 27 まとめの　テスト⑤

目ひょう時間 20分

学しゅうした日　　月　　日

名前

とく点

／100点

1227
解説→177ページ

らくらくマルつけ

**1** 計算(けいさん)を　しましょう。　1つ4点【72点】

(1) 80＋30＝

(2) 120－90＝

(3) 130－70＝

(4) 90＋50＝

(5) 60＋60＝

(6) 110－50＝

(7) 150－90＝

(8) 20＋90＝

(9) 90＋90＝

(10) 140－70＝

(11) 40＋80＝

(12) 170－80＝

(13) 600＋200＝

(14) 600－400＝

(15) 700－200＝

(16) 300＋300＝

(17) 900－400＝

(18) 500＋500＝

**2** 本を　90ページ　読(よ)みました。あと　70ページ　のこって　います。この　本は　ぜんぶで　何(なん)ページ　ありますか。　【ぜんぶできて8点】

(しき)

答(こた)え

**3** 120円の　パンに、30円引(び)きの　シールが　はって　あります。パンの　ねだんは　いくらに　なるでしょう。　【ぜんぶできて10点】

(しき)

答え

**4** 500円玉を　もって　います。300円の　クッキーを　買(か)うと、おつりは　いくらでしょう。　【ぜんぶできて10点】

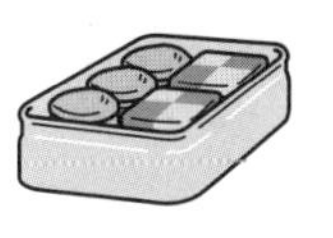

(しき)

答え

# 27 まとめの　テスト⑤

学しゅうした日　　月　　日

名前

とく点

／100点

1227
解説→177ページ

**❶** 計算を　しましょう。　1つ4点【72点】

(1) 80＋30＝

(2) 120－90＝

(3) 130－70＝

(4) 90＋50＝

(5) 60＋60＝

(6) 110－50＝

(7) 150－90＝

(8) 20＋90＝

(9) 90＋90＝

(10) 140－70＝

(11) 40＋80＝

(12) 170－80＝

(13) 600＋200＝

(14) 600－400＝

(15) 700－200＝

(16) 300＋300＝

(17) 900－400＝

(18) 500＋500＝

**❷** 本を　90ページ　読みました。あと　70ページ　のこって　います。この　本は　ぜんぶで　何ページ　ありますか。　【ぜんぶできて８点】

(しき)

答え

**❸** 120円の　パンに、30円引きの　シールが　はって　あります。パンの　ねだんは　いくらに　なるでしょう。　【ぜんぶできて10点】

(しき)

答え

**❹** 500円玉を　もって　います。300円の　クッキーを　買うと、おつりは　いくらでしょう。　【ぜんぶできて10点】

(しき)

答え

# 水の　かさ①

学しゅうした日　　月　　日

名前

とく点

／100点

1228
解説→178ページ

**1** □に　入る　数(かず)を　書(か)きましょう。　1つ6点【24点】

(1) 1L＝10dLです。4Lは、1Lが　4つ、つまり10dLが　4つなので、

4L＝□dL

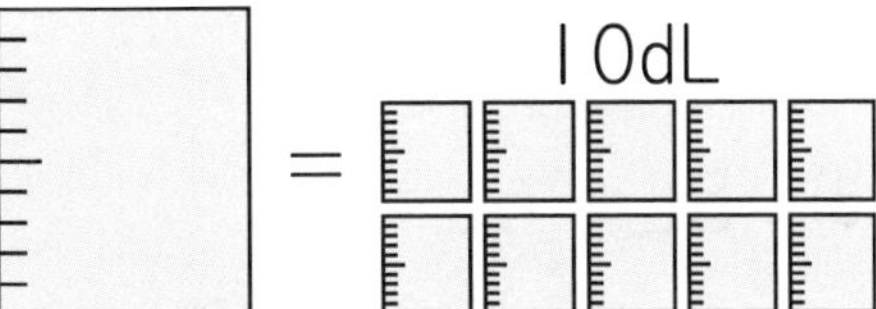


(2) 7L＝□dL

(3) 2L8dL＝□dL

(4) 35dL＝□L□dL

**2** 計算(けいさん)を　しましょう。dLを　Lに　直(なお)せる　ときは、直して　答(こた)えましょう。　1つ6点【60点】

(1) 3L＋5L＝

(2) 7L＋8L＝

(3) 4dL＋2dL＝

(4) 6dL＋4dL＝

(5) 9dL＋5dL＝

(6) 8L－6L＝

(7) 12L－5L＝

(8) 7dL－2dL＝

(9) 9dL－6dL＝

(10) 1L2dL－4dL＝

**計算を　しましょう。**　1つ4点【16点】

(1) 30＋80＝　　(2) 70＋60＝

(3) 150－60＝　　(4) 130－90＝

＼もう１回チャレンジ!!／

# 28 水の　かさ①

学しゅうした日　月　日

名前

とく点

／100点

1228
解説→178ページ

**❶ □に　入る　数を　書きましょう。** 1つ6点【24点】

(1) 1L＝10dLです。4Lは、1Lが　4つ、つまり10dLが　4つなので、

4L＝□dL

1L ＝ 10dL

(2) 7L＝□dL

(3) 2L8dL＝□dL

(4) 35dL＝□L□dL

**❷ 計算を　しましょう。dLを　Lに　直せる　ときは、直して　答えましょう。** 1つ6点【60点】

(1) 3L＋5L＝

(2) 7L＋8L＝

(3) 4dL＋2dL＝

(4) 6dL＋4dL＝

(5) 9dL＋5dL＝

(6) 8L－6L＝

(7) 12L－5L＝

(8) 7dL－2dL＝

(9) 9dL－6dL＝

(10) 1L2dL－4dL＝

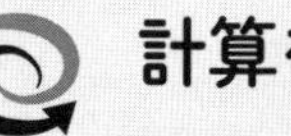


**計算を　しましょう。** 1つ4点【16点】

(1) 30＋80＝　(2) 70＋60＝

(3) 150－60＝　(4) 130－90＝

# 29 水の　かさ②

学しゅうした日　月　日

名前

とく点

／100点

1229
解説→178ページ

**❶ □に　入る　数を　書きましょう。** 1つ6点【24点】

(1) 1L＝1000mL、1dL＝100mLです。3dLは、1dLが　3つ、つまり　100mLが　3つなので、

3dL＝□mL

(2) 500mL＝□dL

(3) 1dL80mL＝□mL

(4) 350mL＝□dL□mL

**❷ 計算を　しましょう。** 1つ6点【60点】

(1) 4L2dL＋3L＝

(2) 2L＋7L5dL＝

(3) 6L1dL＋2L8dL＝

(4) 2L5dL＋1L3dL＝

(5) 6L2dL＋3L4dL＝

(6) 5L4dL－2L＝

(7) 7L6dL－5dL＝

(8) 8L5dL－4L3dL＝

(9) 6L7dL－2L7dL＝

(10) 5L8dL－5L4dL＝

スパイラルコーナー

**計算を　しましょう。** 1つ8点【16点】

(1) 800＋100＝

(2) 1000－800＝

＼もう１回チャレンジ!!／

# 水の　かさ②

学しゅうした日　月　日

名前

とく点

／100点

1229
解説→178ページ

**❶ □に　入る　数を　書きましょう。** 1つ6点【24点】

(1) 1L＝1000mL、1dL＝100mLです。3dLは、1dLが　3つ、つまり　100mLが　3つなので、

3dL＝□mL

(2) 500mL＝□dL

(3) 1dL80mL＝□mL

(4) 350mL＝□dL□mL

**❷ 計算を　しましょう。** 1つ6点【60点】

(1) 4L2dL＋3L＝

(2) 2L＋7L5dL＝

(3) 6L1dL＋2L8dL＝

(4) 2L5dL＋1L3dL＝

(5) 6L2dL＋3L4dL＝

(6) 5L4dL－2L＝

(7) 7L6dL－5dL＝

(8) 8L5dL－4L3dL＝

(9) 6L7dL－2L7dL＝

(10) 5L8dL－5L4dL＝

スパイラルコーナー

**計算を　しましょう。** 1つ8点【16点】

(1) 800＋100＝

(2) 1000－800＝

# 30 水の　かさ③

学しゅうした日　　月　　日

名前

とく点　　／100点

1230
解説→178ページ

**1** 計算を　しましょう。　1つ8点【72点】

(1) 2L5dL＋1L5dL＝

(2) 3L2dL＋2L9dL＝

(3) 4L7dL＋1L6dL＝

(4) 5L6dL＋3L9dL＝

(5) 2L−6dL＝

(6) 5L2dL−3L4dL＝

(7) 4L5dL−1L8dL＝

(8) 8L1dL−7L3dL＝

(9) 6L3dL−2L6dL＝

**2** ジュースが　2L4dL、牛にゅうが　1L8dL　あります。　【20点】

(1) あわせて　何L何dL　ありますか。　（ぜんぶできて10点）

(しき)

答え

(2) かさの　ちがいは　どれだけですか。　（ぜんぶできて10点）

(しき)

答え

スパイラルコーナー

さらさんは　900円　もって　います。600円の　本を　買うと、何円　のこりますか。

【ぜんぶできて8点】

(しき)

答え

＼もう１回チャレンジ!!／

# 水の　かさ③

目ひょう時間 20分

学しゅうした日　　月　　日

名前

とく点　　／100点

1230
解説→178ページ

**❶ 計算を　しましょう。**　1つ8点【72点】

(1) 2L5dL＋1L5dL＝

(2) 3L2dL＋2L9dL＝

(3) 4L7dL＋1L6dL＝

(4) 5L6dL＋3L9dL＝

(5) 2L－6dL＝

(6) 5L2dL－3L4dL＝

(7) 4L5dL－1L8dL＝

(8) 8L1dL－7L3dL＝

(9) 6L3dL－2L6dL＝

**❷ ジュースが　2L4dL、牛にゅうが　1L8dL　あります。**　【20点】

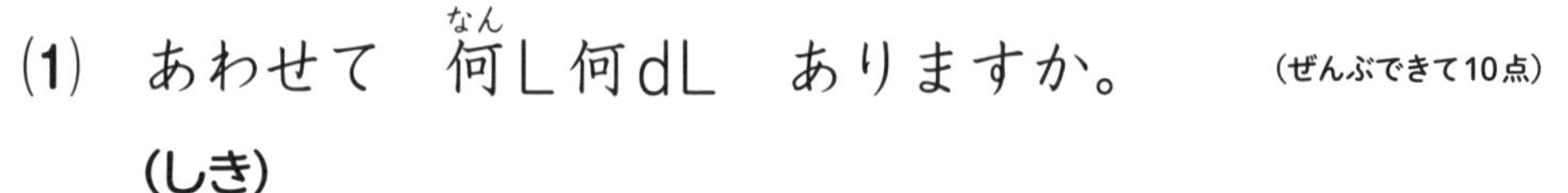

(1) あわせて　何L何dL　ありますか。　(ぜんぶできて10点)

(しき)

答え

(2) かさの　ちがいは　どれだけですか。　(ぜんぶできて10点)

(しき)

答え

スパイラルコーナー

**さらさんは　900円　もって　います。600円の　本を　買うと、何円　のこりますか。**

【ぜんぶできて8点】

(しき)

答え

# 31 まとめの　テスト❻

学しゅうした日　月　日
名前
とく点　/100点

解説→178ページ

❶ □に　入る　数(かず)を　書(か)きましょう。　1つ5点【10点】

(1) 8L4dL＝□dL

(2) 607mL＝□dL□mL

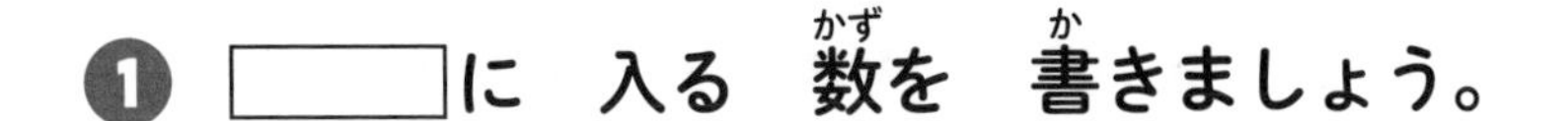

❷ 計算(けいさん)を　しましょう。　1つ10点【60点】

(1) 5L＋3L9dL＝

(2) 6L7dL－4L＝

(3) 1L5dL＋4L2dL＝

(4) 8L6dL－5L4dL＝

(5) 4L8dL＋1L6dL＝

(6) 7L1dL－2L8dL＝

❸ 14Lの　水が　入った　水そうに、5Lの　水を入れました。水は　ぜんぶで　何(なん)Lに　なりましたか。　【ぜんぶできて10点】

(しき)

答(こた)え □

❹ ジュースが　3L　あります。そのうちの　2dLをのむと、のこりは　どれだけに　なりますか。　【ぜんぶできて10点】

(しき)

答え □

❺ おゆが　やかんに　1L8dL、ポットに　2L2dLあります。あわせて　どれだけに　なりますか。　【ぜんぶできて10点】

(しき)

答え □

# 31 まとめの　テスト⑥

目ひょう時間 20分

学しゅうした日　　月　　日

名前

とく点　　／100点

1231 解説→178ページ

**❶** □に　入る　数を　書きましょう。　1つ5点【10点】

(1) 8L4dL＝□dL

(2) 607mL＝□dL□mL

**❷** 計算を　しましょう。　1つ10点【60点】

(1) 5L＋3L9dL＝

(2) 6L7dL－4L＝

(3) 1L5dL＋4L2dL＝

(4) 8L6dL－5L4dL＝

(5) 4L8dL＋1L6dL＝

(6) 7L1dL－2L8dL＝

**❸** 14Lの　水が　入った　水そうに、5Lの　水を　入れました。水は　ぜんぶで　何Lに　なりましたか。　【ぜんぶできて10点】

(しき)

答え □

**❹** ジュースが　3L　あります。そのうちの　2dLを　のむと、のこりは　どれだけに　なりますか。　【ぜんぶできて10点】

(しき)

答え □

**❺** おゆが　やかんに　1L8dL、ポットに　2L2dL　あります。あわせて　どれだけに　なりますか。　【ぜんぶできて10点】

(しき)

答え □

# けいさん
# 計算の　くふう①

目ひょう時間 20分

学しゅうした日　月　日

名前

とく点　／100点

1232 解説→179ページ

**1** □に　入る　数を　書きましょう。【30点】

(1) 35－3＋4を　計算します。左から　じゅんに計算して、

35－3＋4＝□＋4

＝□

（ぜんぶできて15点）

(2) 35－(3＋4)を　計算します。(　)の　ついたしきは、(　)の　中を　先に　計算するので、

35－(3＋4)＝□－7

＝□

（ぜんぶできて15点）

**2** 同じ　答えに　なるのは　どれと　どれですか。

【ぜんぶできて20点】

ア　14－(8＋2)　イ　14－8＋2

ウ　14－(8－2)　エ　14－8－2

答え　□と□、□と□

**3** 計算を　しましょう。1つ5点【30点】

(1) (4＋6)－5＝

(2) (5＋3)－6＝

(3) 8＋(4＋5)＝

(4) 12－(7－5)＝

(5) 9＋(8－3)＝

(6) 15－(6＋2)＝

スパイラルコーナー　計算を　しましょう。1つ5点【20点】

(1) 4L＋6L＝

(2) 9L－7L＝

(3) 5dL＋4dL＝

(4) 8dL－2dL＝

# 32 計算の　くふう①

学しゅうした日　　月　　日

名前

とく点

／100点

1232
解説→179ページ

**❶ □に　入る　数を　書きましょう。** 【30点】

(1) 35－3＋4を　計算します。左から　じゅんに計算して、

35－3＋4＝□＋4

＝□

（ぜんぶできて15点）

(2) 35－(3＋4)を　計算します。(　)の　ついたしきは、(　)の　中を　先に　計算するので、

35－(3＋4)＝□－7

＝□

（ぜんぶできて15点）

**❷ 同じ　答えに　なるのは　どれと　どれですか。**

【ぜんぶできて20点】

ア　14－(8＋2)　　イ　14－8＋2

ウ　14－(8－2)　　エ　14－8－2

答え　□と□、□と□

**❸ 計算を　しましょう。** 1つ5点【30点】

(1) (4＋6)－5＝

(2) (5＋3)－6＝

(3) 8＋(4＋5)＝

(4) 12－(7－5)＝

(5) 9＋(8－3)＝

(6) 15－(6＋2)＝

**スパイラルコーナー　計算を　しましょう。** 1つ5点【20点】

(1) 4L＋6L＝　　(2) 9L－7L＝

(3) 5dL＋4dL＝　　(4) 8dL－2dL＝

# 計算の　くふう②

学しゅうした日　月　日

名前

とく点

／100点

1233
解説→179ページ

**1** 23＋38＋12を　計算します。□に　入る数を　書きましょう。【10点】

(1) 左から　じゅんに　計算して、

23＋38＋12＝□＋12

＝□

（ぜんぶできて5点）

(2) 38と　12を　先に　たすと、

23＋38＋12＝23＋□

＝□

（ぜんぶできて5点）

3つの　数の　たし算で、2つの　数を　たして一のくらいの　数が　0に　なるときは、そちらを先に　計算すると　かんたんです。

**2** くふうして　計算しましょう。　1つ10点【80点】

(1) 4＋9＋1＝

(2) 7＋8＋2＝

(3) 18＋12＋15＝

(4) 14＋7＋23＝

(5) 13＋27＋38＝

(6) 15＋28＋12＝

(7) 37＋24＋16＝

(8) 29＋35＋25＝

スパイラルコーナー　**計算を　しましょう。**　1つ5点【10点】

(1) 5L4dL＋2L7dL＝

(2) 9L3dL－6L8dL＝

＼もう１回チャレンジ!!／

# 計算の　くふう②

目ひょう時間 20分

学しゅうした日　月　日

名前

とく点　／100点

1233
解説→179ページ

**❶ 23＋38＋12を　計算します。□に　入る　数を　書きましょう。** 【10点】

(1) 左から　じゅんに　計算して、

23＋38＋12＝□＋12

＝□

（ぜんぶできて5点）

(2) 38と　12を　先に　たすと、

23＋38＋12＝23＋□

＝□

（ぜんぶできて5点）

3つの　数の　たし算で、2つの　数を　たして　一のくらいの　数が　0に　なるときは、そちらを　先に　計算すると　かんたんです。

**❷ くふうして　計算しましょう。** 1つ10点【80点】

(1) 4＋9＋1＝

(2) 7＋8＋2＝

(3) 18＋12＋15＝

(4) 14＋7＋23＝

(5) 13＋27＋38＝

(6) 15＋28＋12＝

(7) 37＋24＋16＝

(8) 29＋35＋25＝

スパイラルコーナー

**計算を　しましょう。** 1つ5点【10点】

(1) 5L4dL＋2L7dL＝

(2) 9L3dL－6L8dL＝

# まとめの　テスト⑦

学しゅうした日　月　日

名前

とく点

／100点

1234
解説→179ページ

❶ 計算を　しましょう。　1つ10点【40点】

(1) $8+(7+6)=$

(2) $12-(4+3)=$

(3) $23-(14-6)=$

(4) $39+(15-8)=$

❷ くふうして　計算しましょう。　1つ10点【40点】

(1) $9+6+4=$

(2) $8+17+13=$

(3) $35+19+21=$

(4) $27+28+32=$

❸ 公園に　13人　いました。さっき　6人　来て、今、14人　来ました。公園に　いるのは、みんなで何人ですか。1つの　しきに　して、くふうして計算しましょう。　【ぜんぶできて10点】

(しき)

答え 

❹ なわとびを　3回　しました。1回目は16回、2回目は　18回、3回目は22回　とびました。ぜんぶで　何回とびましたか。1つの　しきに　して、くふうして計算しましょう。　【ぜんぶできて10点】

(しき)

答え

# 34 まとめの　テスト⑦

学しゅうした日　　月　　日

名前

とく点　　／100点

1234
解説→179ページ

**❶ 計算を　しましょう。** 1つ10点【40点】

(1) $8+(7+6)=$

(2) $12-(4+3)=$

(3) $23-(14-6)=$

(4) $39+(15-8)=$

**❷ くふうして　計算しましょう。** 1つ10点【40点】

(1) $9+6+4=$

(2) $8+17+13=$

(3) $35+19+21=$

(4) $27+28+32=$

**❸** 公園に　13人　いました。さっき　6人　来て、今、14人　来ました。公園に　いるのは、みんなで何人ですか。１つの　しきに　して、くふうして計算しましょう。【ぜんぶできて10点】

(しき)

答え

**❹** なわとびを　3回　しました。１回目は16回、２回目は　18回、３回目は22回　とびました。ぜんぶで　何回とびましたか。１つの　しきに　して、くふうして計算しましょう。【ぜんぶできて10点】

(しき)

答え

# パズル②

目ひょう時間 20分

学しゅうした日　　月　　日

名前

とく点　　／100点

1235
解説→180ページ

❶ たて、よこ、ななめに　ならぶ　3つの　数を　たすと　みんな　同じに　なるように、①から　⑤に入る　数を　書きましょう。9この　数は、すべてちがう　数です。【ぜんぶできて50点】

❷ たて、よこ、ななめに　ならぶ　4つの　数を　たすと　みんな　同じに　なるように、①から　⑦に入る　数を　書きましょう。16この　数は、すべてちがう　数です。【ぜんぶできて50点】

\ もう1回チャレンジ!! /

# パズル②

学しゅうした日　月　日

名前

とく点　／100点

らくらくマルつけ

1235

解説→180ページ

❶ たて、よこ、ななめに　ならぶ　3つの　数を　たすと　みんな　同じに　なるように、①から　⑤に入る　数を　書きましょう。9この　数は、すべてちがう　数です。【ぜんぶできて50点】

❷ たて、よこ、ななめに　ならぶ　4つの　数を　たすと　みんな　同じに　なるように、①から　⑦に入る　数を　書きましょう。16この　数は、すべてちがう　数です。【ぜんぶできて50点】

# たし算の　ひっ算⑥

目ひょう時間 20分

学しゅうした日　　月　　日

名前

とく点　　／100点

1236
解説→180ページ

❶ 83+56を　ひっ算で　します。【ぜんぶできて18点】

① 一のくらいは　3+6です。その　答えを　右の　アに　書きましょう。

② 十のくらいは　8+5です。答えの　百のくらいを　右の　イに、十のくらいを　ウに　書きましょう。

| | 8 | 3 |
|---|---|---|
| + | 5 | 6 |
| イ | ウ | ア |

❷ つぎの　計算を　ひっ算で　しましょう。1つ6点【72点】

(1) 73+54

(2) 32+92

(3) 82+76

(4) 45+91

(5) 75+42

(6) 91+64

(7) 64+82

(8) 23+95

(9) 85+84

(10) 62+73

(11) 53+72

(12) 71+96

スパイラルコーナー　計算を　しましょう。1つ5点【10点】

(1) 9+(3+4)=

(2) 15−(8−2)=

# たし算の　ひっ算⑥

学しゅうした日　　月　　日

名前

とく点　　／100点

**❶ 83+56を　ひっ算で　します。** 【ぜんぶできて18点】

① 一のくらいは　3+6です。
その　答えを　右の　アに
書きましょう。

② 十のくらいは　8+5です。
答えの　百のくらいを　右の
イに、十のくらいを　ウに　書きましょう。

| | | |
|---|---|---|
| | 8 | 3 |
| + | 5 | 6 |
| イ | ウ | ア |

**❷ つぎの　計算を　ひっ算で　しましょう。** 1つ6点【72点】

(4)　45+91

(5)　75+42

(6)　91+64

(7)　64+82

(8)　23+95

(9)　85+84

(10)　62+73

(11)　53+72

(12)　71+96

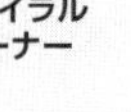

スパイラルコーナー

**計算を　しましょう。** 1つ5点【10点】

(1)　9+(3+4)=

(2)　15−(8−2)=

# 37 たし算の　ひっ算⑦

学しゅうした日　月　日
名前
とく点　／100点

1237
解説→180ページ

❶ つぎの　計算を　ひっ算で　しましょう。　1つ6点【90点】

(1) 67＋42　(2) 62＋54　(3) 74＋85

(4) 45＋82　(5) 58＋51　(6) 83＋42

(7) 91＋75　(8) 63＋92　(9) 72＋36

(10) 83＋64　(11) 72＋42　(12) 57＋61

(13) 53＋93　(14) 85＋23　(15) 74＋64

スパイラルコーナー

計算を　しましょう。　1つ5点【10点】

(1) 17＋(9＋3)＝

(2) 18＋(6－4)＝

＼もう１回チャレンジ!!／

# たし算の　ひっ算⑦

学しゅうした日　　月　　日

名前

とく点

／100点

1237
解説→180ページ

**❶ つぎの　計算（けいさん）を　ひっ算で　しましょう。** 1つ6点【90点】

(1)　67＋42

(2)　62＋54

(3)　74＋85

(4)　45＋82

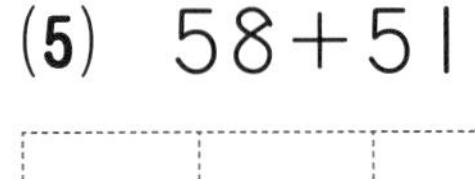

(5)　58＋51

(6)　83＋42

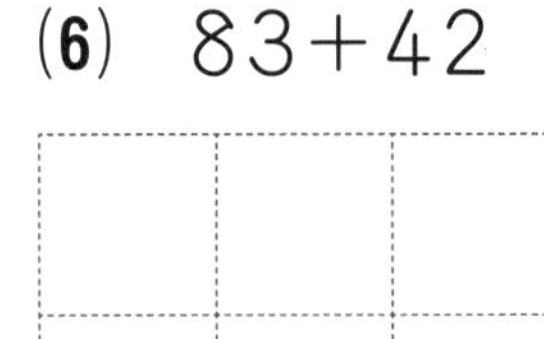

(7)　91＋75

(8)　63＋92

(9)　72＋36

(10)　83＋64

(11)　72＋42

(12)　57＋61

(13)　53＋93

(14)　85＋23

(15)　74＋64

スパイラルコーナー

**計算を　しましょう。** 1つ5点【10点】

(1)　17＋(9＋3)＝

(2)　18＋(6－4)＝

# たし算の　ひっ算⑧

目ひょう時間 20分

学しゅうした日　月　日

名前

とく点　／100点

1238
解説→181ページ

**1** 58+67を　ひっ算で　します。【ぜんぶできて18点】

① 8+7の　答えの　一のくらいの数を　右の　アに、くり上がりの数を　イに　書きましょう。

② イの　数と　5と　6を　たして、答えの　百のくらいを　ウに、十のくらいを　エに　書きましょう。

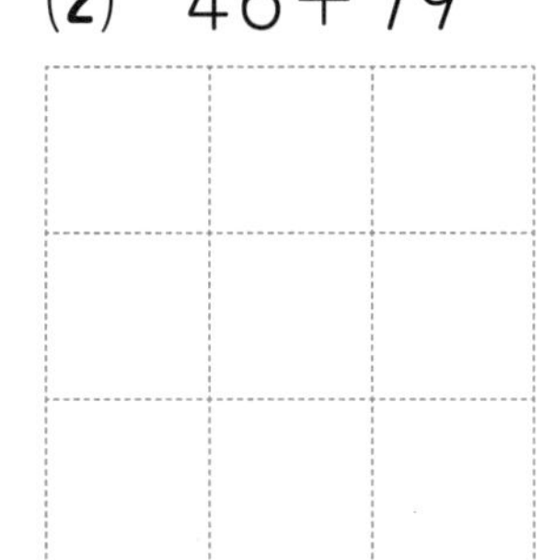


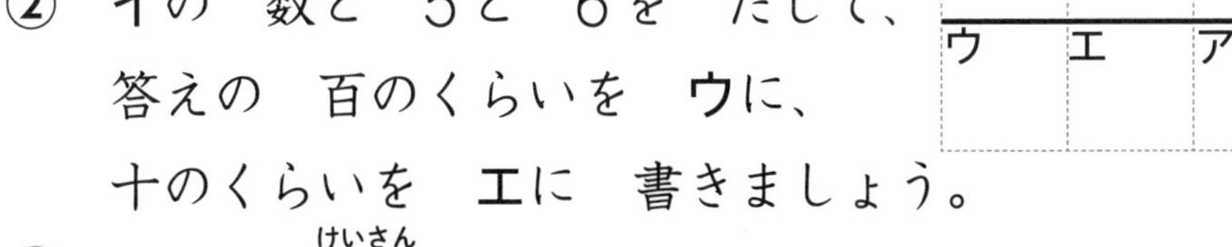

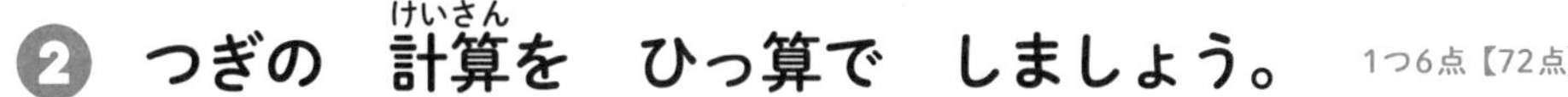

**2** つぎの　計算を　ひっ算で　しましょう。1つ6点【72点】

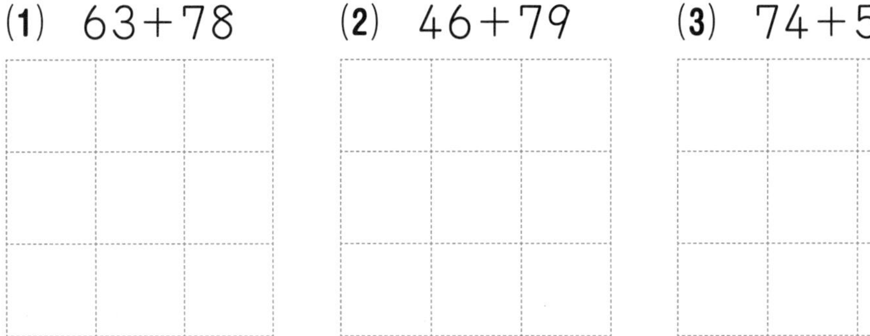

(1) 63+78　(2) 46+79　(3) 74+57

(4) 49+84　(5) 95+35　(6) 59+48

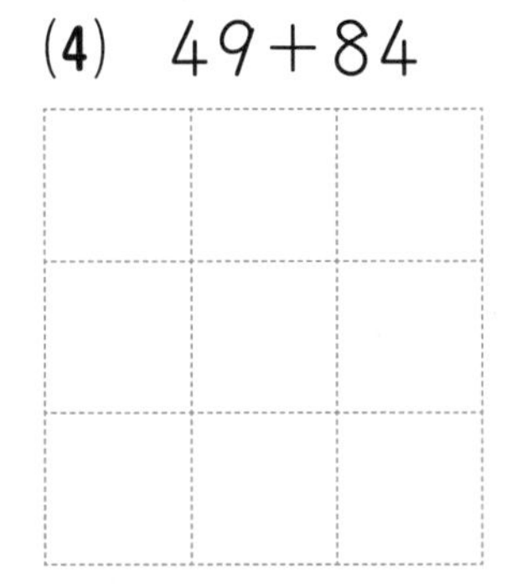

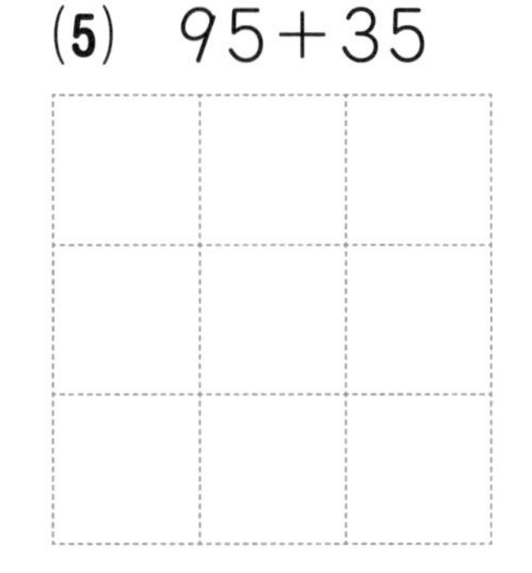

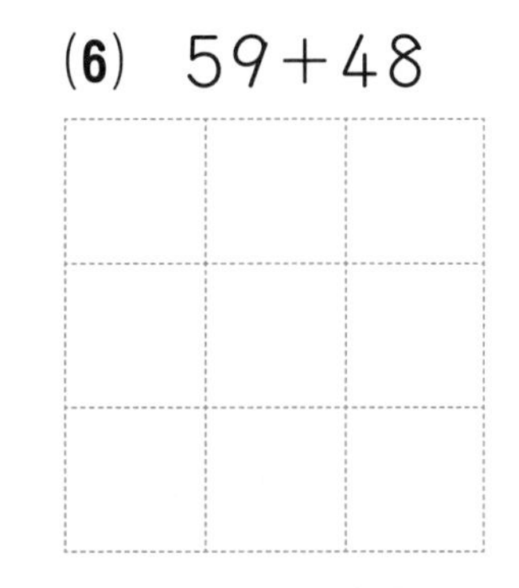

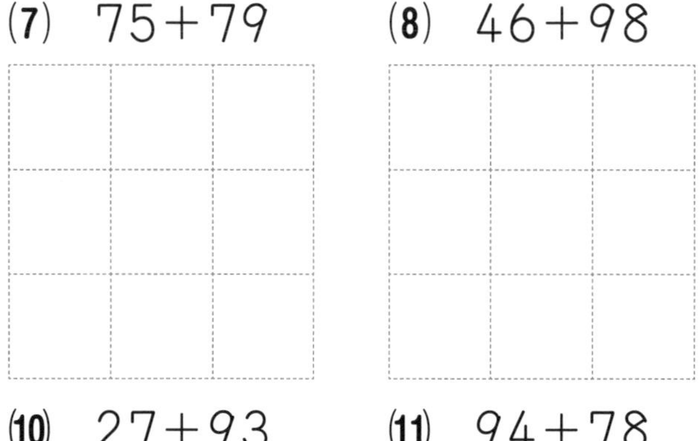

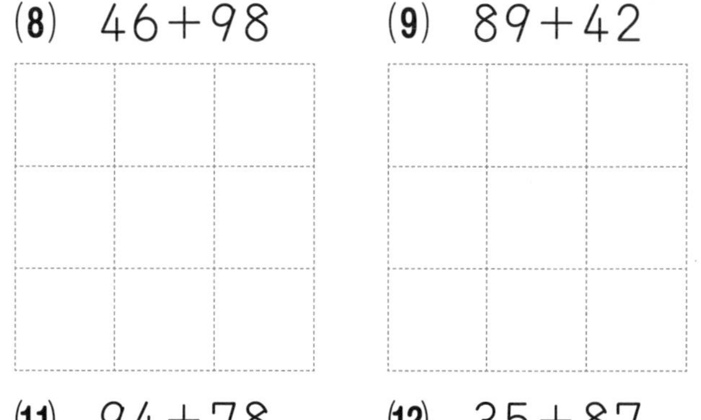

(7) 75+79　(8) 46+98　(9) 89+42

(10) 27+93　(11) 94+78　(12) 35+87

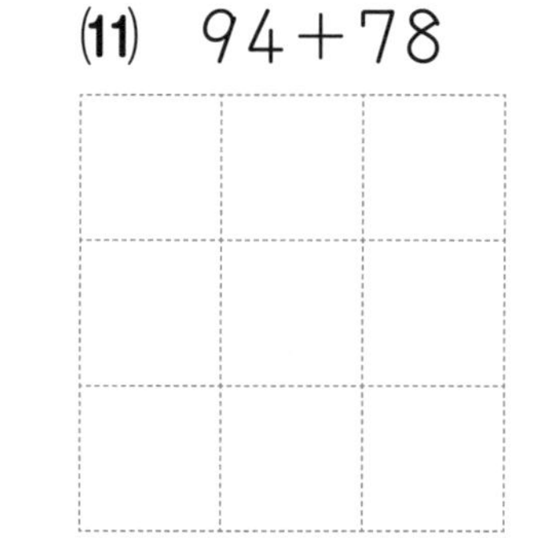

スパイラルコーナー

くふうして　計算しましょう。1つ5点【10点】

(1) 9+7+3=

(2) 18+6+14=

# 38 たし算の　ひっ算⑧

学しゅうした日　　月　　日

名前

とく点　　／100点

1238
解説→181ページ

❶ 58＋67を　ひっ算で　します。【ぜんぶできて18点】

① 8＋7の　答えの　一のくらいの数を　右の　アに、くり上がりの数を　イに　書きましょう。

② イの　数と　5と　6を　たして、答えの　百のくらいを　ウに、十のくらいを　エに　書きましょう。

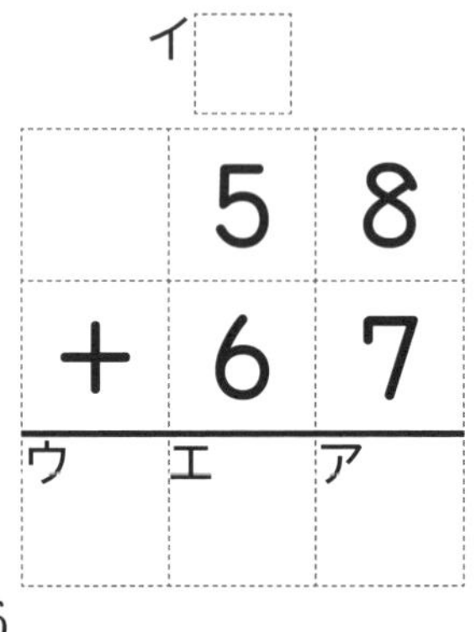


❷ つぎの　計算を　ひっ算で　しましょう。1つ6点【72点】

(1) 63＋78

(2) 46＋79

(3) 74＋57

(4) 49＋84

(5) 95＋35

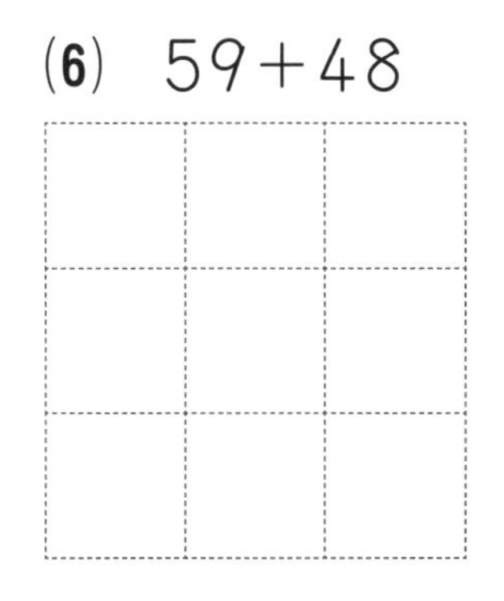

(6) 59＋48

(7) 75＋79

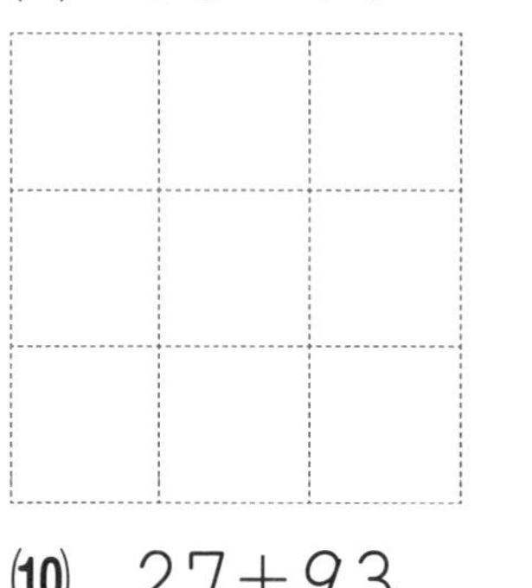

(8) 46＋98

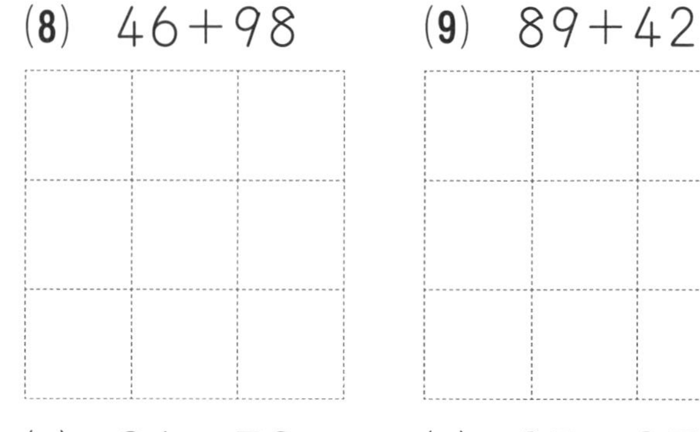

(9) 89＋42

(10) 27＋93

(11) 94＋78

(12) 35＋87

くふうして　計算しましょう。1つ5点【10点】

(1) 9＋7＋3＝

(2) 18＋6＋14＝

# たし算(ざん)の　ひっ算(さん)⑨

目ひょう時間 20分

学しゅうした日　　月　　日

名前

とく点

／100点

1239
解説→181ページ

らくらくマルつけ

❶ つぎの　計算(けいさん)を　ひっ算で　しましょう。　1つ6点【90点】

(1)　56＋57

(2)　83＋69

(3)　24＋97

(4)　98＋53

(5)　38＋67

(6)　96＋86

(7)　75＋56

(8)　68＋67

(9)　46＋79

(10)　19＋85

(11)　69＋53

(12)　51＋49

(13)　78＋64

(14)　85＋97

(15)　36＋97

スパイラルコーナー

くふうして　計算しましょう。　1つ5点【10点】

(1)　23＋39＋21＝

(2)　37＋18＋22＝

# 39 たし算の　ひっ算⑨

目ひょう時間 20分

学しゅうした日　月　日

名前

とく点　／100点

1239 解説→181ページ

**1** つぎの　計算を　ひっ算で　しましょう。 1つ6点【90点】

(1) 56＋57

(2) 83＋69

(3) 24＋97

(4) 98＋53

(5) 38＋67

(6) 96＋86

(7) 75＋56

(8) 68＋67

(9) 46＋79

(10) 19＋85

(11) 69＋53

(12) 51＋49

(13) 78＋64

(14) 85＋97

(15) 36＋97

スパイラルコーナー　くふうして　計算しましょう。 1つ5点【10点】

(1) 23＋39＋21＝

(2) 37＋18＋22＝

# まとめの　テスト⑧

目ひょう時間 20分

学しゅうした日　　月　　日

名前

とく点　　／100点

1240
解説→181ページ

らくらくマルつけ

**1** つぎの　計算(けいさん)を　ひっ算で　しましょう。　1つ8点【72点】

(1)　73＋42　　(2)　64＋85　　(3)　82＋79

(4)　94＋68　　(5)　36＋92　　(6)　25＋76

(7)　45＋81　　(8)　67＋46　　(9)　98＋95

**2** 本を　87ページまで　読(よ)みました。のこりは　57ページです。この　本は　ぜんぶで　何(なん)ページ　ありますか。　【ぜんぶできて14点】

(しき)

(ひっ算)

答(こた)え

**3** アルミかんを　92こ、スチールかんを　28こ　あつめました。あわせて　何こ　あつめましたか。

【ぜんぶできて14点】

(しき)

(ひっ算)

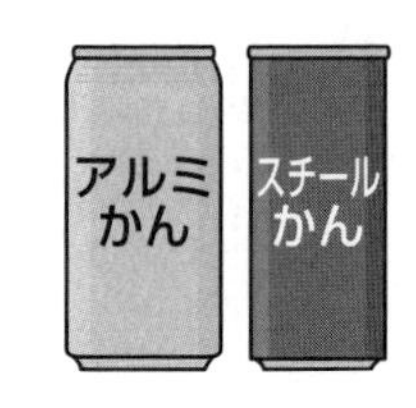

答え

# 40 まとめの　テスト⑧

学しゅうした日　　月　　日

名前

とく点　　／100点

1240
解説→181ページ

**❶** つぎの　計算(けいさん)を　ひっ算で　しましょう。　1つ8点【72点】

(1)　73＋42

(2)　64＋85

(3)　82＋79

(4)　94＋68

(5)　36＋92

(6)　25＋76

(7)　45＋81

(8)　67＋46

(9)　98＋95

**❷** 本を　87ページまで　読(よ)みました。のこりは　57ページです。この　本は　ぜんぶで　何(なん)ページ　ありますか。　【ぜんぶできて14点】

(しき)

(ひっ算)

答(こた)え

**❸** アルミかんを　92こ、スチールかんを　28こ　あつめました。あわせて　何こ　あつめましたか。

【ぜんぶできて14点】

(しき)

(ひっ算)

答え

# ひき算の　ひっ算⑥

目ひょう時間 20分

学しゅうした日　月　日
名前
とく点　／100点

らくらくマルつけ
1241
解説→182ページ

**❶ 125−43を　ひっ算で　します。**【ぜんぶできて10点】

① 一のくらいは　5−3です。その　答えを　右の　アに　書きましょう。

② 十のくらいは　2から　4は　ひけないので、12−4を　計算し、その　答えを　イに　書きましょう。

| | 1 | 2 | 5 |
|---|---|---|---|
| − | | 4 | 3 |
| | | イ | ア |

**❷ つぎの　計算を　ひっ算で　しましょう。** 1つ10点【80点】

(1)　134−43

(2)　158−71

(3)　186−92

(4)　129−87

(5)　115−32

(6)　147−75

(7)　163−83

(8)　138−94

スパイラルコーナー　**計算を　しましょう。** 1つ5点【10点】

(1)

| | 5 | 6 |
|---|---|---|
| + | 7 | 2 |
| | | |

(2)

| | 6 | 1 |
|---|---|---|
| + | 4 | 3 |
| | | |

# ひき算(ざん)の　ひっ算(さん)⑥

学しゅうした日　　月　　日

名前

とく点　　／100点

1241
解説→182ページ

**❶ 125－43を　ひっ算(さん)で　します。** 【ぜんぶできて10点】

① 一のくらいは　5－3です。その　答(こた)えを　右の　アに　書(か)きましょう。

② 十のくらいは　2から　4は　ひけないので、12－4を　計算(けいさん)し、その　答えを　イに　書きましょう。

|  | 1 | 2 | 5 |
|---|---|---|---|
| － |  | 4 | 3 |
|  |  | イ | ア |

**❷ つぎの　計算を　ひっ算で　しましょう。** 1つ10点【80点】

(1)　134－43

(2)　158－71

(3)　186－92

(4)　129－87

(5)　115－32

(6)　147－75

(7)　163－83

(8)　138－94

スパイラルコーナー

**計算を　しましょう。** 1つ5点【10点】

(1)

|  | 5 | 6 |
|---|---|---|
| ＋ | 7 | 2 |
|  |  |  |

(2)

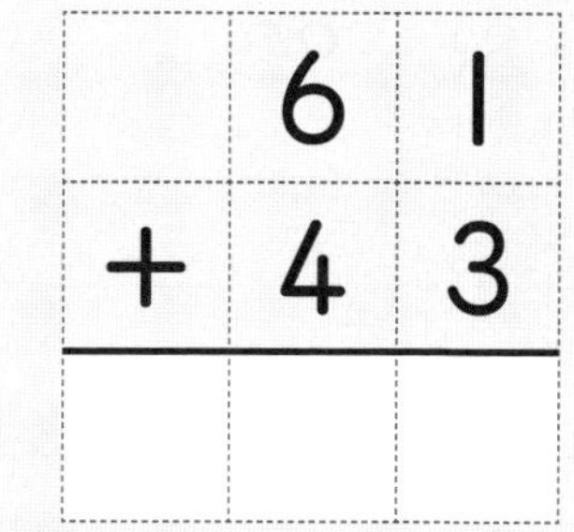

# ひき算の　ひっ算⑦

学しゅうした日　　月　　日

名前

とく点　　／100点

解説→182ページ

**1** つぎの　計算を　ひっ算で　しましょう。　1つ9点【90点】

(1)　152−91

(2)　166−84

(3)　137−52

(4)　179−81

(5)　126−96

(6)　103−12

(7)　159−72

(8)　145−61

(9)　119−26

(10)　168−93

スパイラルコーナー　計算を　しましょう。　1つ5点【10点】

(1)

| | | |
|---|---|---|
| | 5 | 2 |
| + | 7 | 4 |
| | | |

(2)

| | | |
|---|---|---|
| | 9 | 3 |
| + | 6 | 6 |
| | | |

\ もう１回チャレンジ!! /

# ひき算の　ひっ算⑦

20分

学しゅうした日　　月　　日

名前

とく点

／100点

1242
解説→182ページ

## ❶ つぎの　計算を　ひっ算で　しましょう。

1つ9点【90点】

(1)　152−91

(2)　166−84

(3)　137−52

(4)　179−81

(5)　126−96

(6)　103−12

(7)　159−72

(8)　145−61

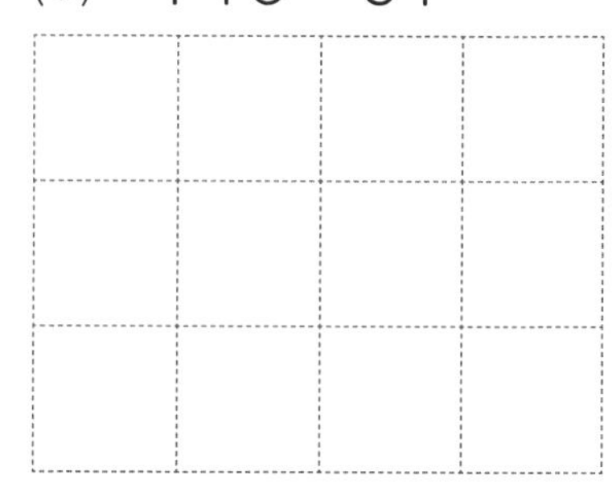

(9)　119−26

(10)　168−93

## 計算を　しましょう。

スパイラルコーナー

1つ5点【10点】

(1)

| | 5 | 2 |
|---|---|---|
| ＋ | 7 | 4 |
| | | |

(2)

| | 9 | 3 |
|---|---|---|
| ＋ | 6 | 6 |
| | | |

# 43 ひき算（ざん）の　ひっ算（さん）⑧

目ひょう時間 20分

学しゅうした日　　月　　日

名前

とく点　　／100点

1243 解説→182ページ

らくらくマルつけ

**1** 142−57を　ひっ算（さん）で　します。【ぜんぶできて10点】

① 2から　7は　ひけないので、十のくらいの　4を　3と　1に　分（わ）けて、12−7の　答（こた）えを　アに　書（か）きましょう。

② 十のくらいは、13−5の　答えを　イに　書きましょう。

|  | 3 | 1 |  |
|---|---|---|---|
|  | 1 | 4 | 2 |
| − |  | 5 | 7 |
|  |  | イ | ア |

**2** つぎの　計算（けいさん）を　ひっ算で　しましょう。1つ10点【80点】

(1) 121−82

(2) 113−36

(3) 165−76

(4) 131−48

(5) 153−57

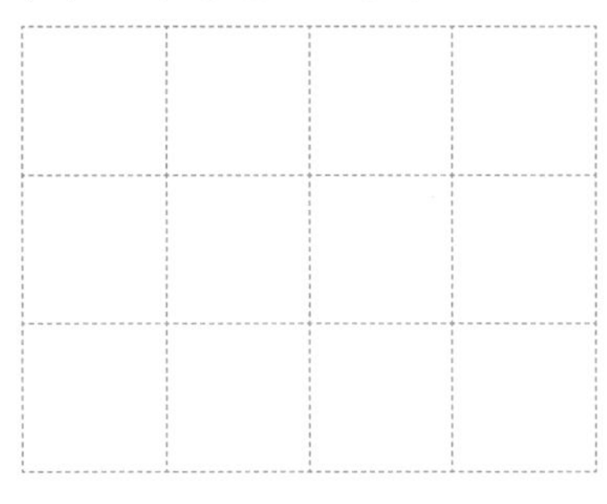

(6) 171−83

(7) 120−49

(8) 145−97

スパイラルコーナー　計算を　しましょう。1つ5点【10点】

(1)

|  | 6 | 3 |
|---|---|---|
| + | 9 | 8 |
|  |  |  |

(2)

|  | 7 | 9 |
|---|---|---|
| + | 4 | 8 |
|  |  |  |

# ひき算の　ひっ算⑧

目ひょう時間 20分

学しゅうした日　　月　　日

名前

とく点　／100点

1243
解説→182ページ

らくらくマルつけ

**❶ 142－57を　ひっ算で　します。**【ぜんぶできて10点】

① 2から　7は　ひけないので、十のくらいの　4を　3と　1に　分けて、12－7の　答えを　アに　書きましょう。

② 十のくらいは、13－5の　答えを　イに　書きましょう。

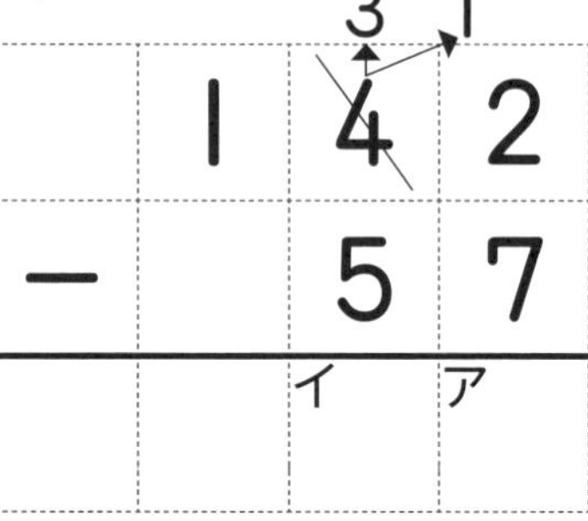


**❷ つぎの　計算を　ひっ算で　しましょう。** 1つ10点【80点】

(1) 121－82

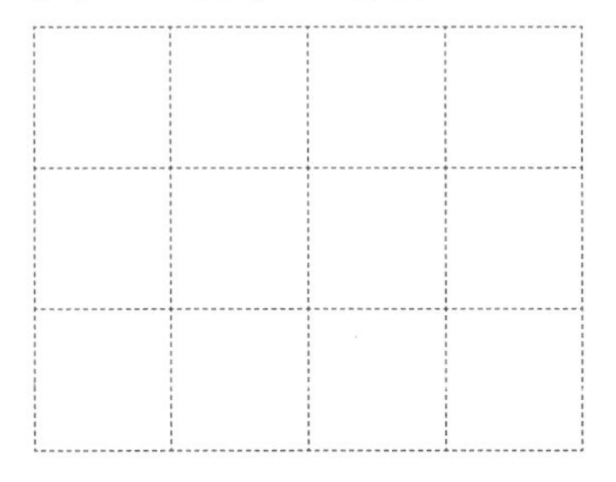

(2) 113－36

(3) 165－76

(4) 131－48

(5) 153－57

(6) 171－83

(7) 120－49

(8) 145－97

スパイラルコーナー

**計算を　しましょう。** 1つ5点【10点】

(1)

| | 6 | 3 |
|---|---|---|
| ＋ | 9 | 8 |
| | | |

(2)

| | 7 | 9 |
|---|---|---|
| ＋ | 4 | 8 |
| | | |

# ひき算の　ひっ算⑨

学しゅうした日　　月　　日
名前
とく点　　／100点

1244
解説→183ページ

**1** つぎの　計算を　ひっ算で　しましょう。　1つ9点【90点】

(1)　136−87

(2)　142−53

(3)　121−94

(4)　115−79

(5)　123−65

(6)　142−68

(7)　154−87

(8)　141−95

(9)　135−57

(10)　172−74

スパイラルコーナー　計算を　しましょう。　1つ5点【10点】

(1)

| | | |
|---|---|---|
| | 6 | 7 |
| + | 4 | 3 |
| | | |

(2)

| | | |
|---|---|---|
| | 7 | 6 |
| + | 8 | 4 |
| | | |

# ひき算（ざん）の　ひっ算（さん）⑨

目ひょう時間 20分

学しゅうした日　　月　　日

名前

とく点　　／100点

1244
解説→183ページ

らくらくマルつけ

**❶** つぎの　計算（けいさん）を　ひっ算で　しましょう。　1つ9点【90点】

(1)　136－87

(2)　142－53

(3)　121－94

(4)　115－79

(5)　123－65

(6)　142－68

(7)　154－87

(8)　141－95

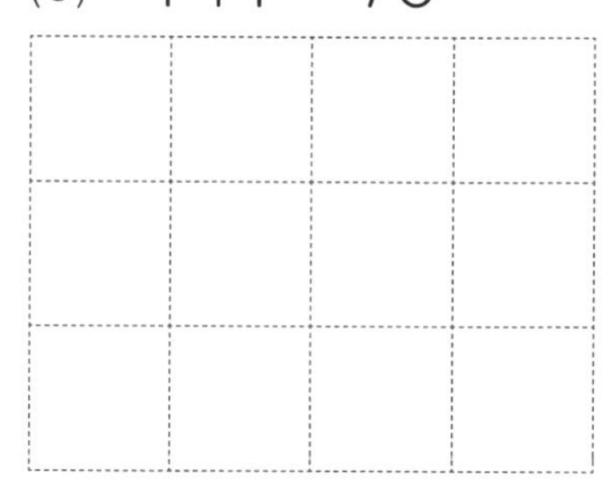

(9)　135－57

(10)　172－74

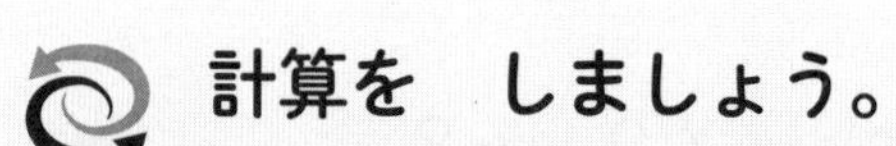

スパイラルコーナー　計算を　しましょう。　1つ5点【10点】

(1)

| | 6 | 7 |
|---|---|---|
| ＋ | 4 | 3 |
| | | |

(2)

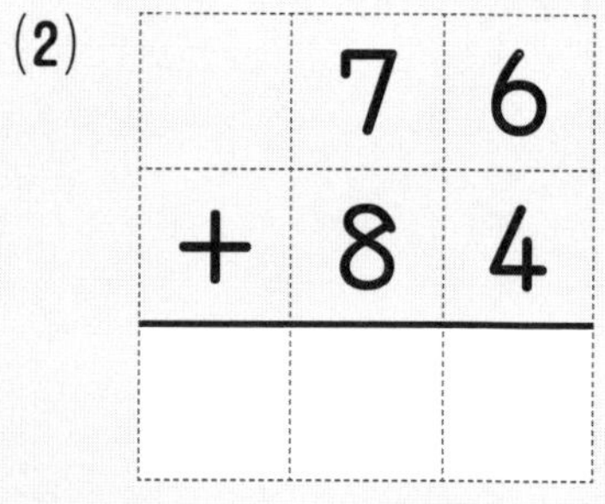

| | 7 | 6 |
|---|---|---|
| ＋ | 8 | 4 |
| | | |

# ひき算の　ひっ算⑩

学しゅうした日　　月　　日
名前
とく点
／100点

らくらくマルつけ

解説→183ページ

**1** 102－49を　ひっ算で　します。　【ぜんぶできて10点】

十のくらいが　0なので、
100を　10が　10こと　みて、
9こと　1こに　分けます。
12－9の　答えを　アに、
十のくらいは、9－4の
答えを　イに　書きましょう。

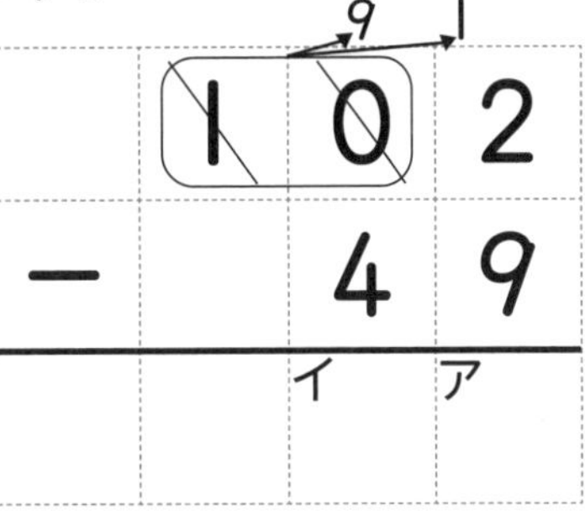


**2** つぎの　計算を　ひっ算で　しましょう。　1つ10点【80点】

(1)　107－68

(2)　103－25

(3)　105－19

(4)　101－56

(5)　102－37

(6)　106－89

(7)　108－99

(8)　104－48

スパイラルコーナー

計算を　しましょう。　1つ5点【10点】

(1)

| | 8 | 6 |
|---|---|---|
| ＋ | 1 | 7 |
| | | |

(2)

| | 5 | 9 |
|---|---|---|
| ＋ | 4 | 9 |
| | | |

# ひき算の　ひっ算⑩

目ひょう時間 20分

学しゅうした日　月　日
名前
とく点　／100点

1245
解説→183ページ

**❶ 102−49を　ひっ算で　します。**【ぜんぶできて10点】

十のくらいが　0なので、
100を　10が　10こと　みて、
9こと　1こに　分けます。
12−9の　答えを　アに、
十のくらいは、9−4の
答えを　イに　書きましょう。

|  | 1 | 0 | 2 |
|---|---|---|---|
| − |  | 4 | 9 |
|  |  | イ | ア |

**❷ つぎの　計算を　ひっ算で　しましょう。**1つ10点【80点】

(1)　107−68

(2)　103−25

(3)　105−19

(4)　101−56

(5)　102−37

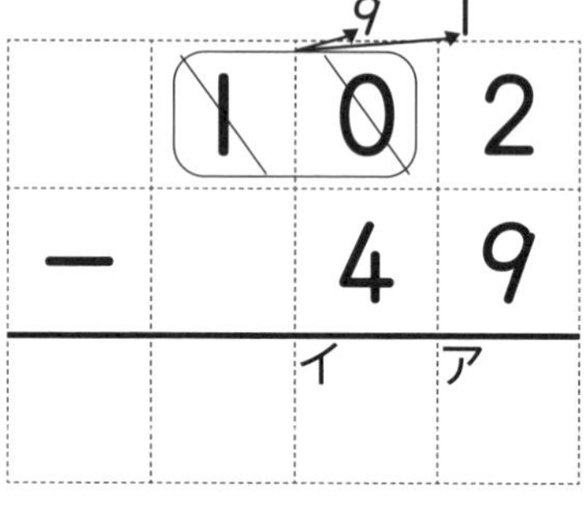

(6)　106−89

(7)　108−99

(8)　104−48

スパイラルコーナー　**計算を　しましょう。**1つ5点【10点】

(1)

|  | 8 | 6 |
|---|---|---|
| + | 1 | 7 |
|  |  |  |

(2)

|  | 5 | 9 |
|---|---|---|
| + | 4 | 9 |
|  |  |  |

# 46 まとめの　テスト⑨

目ひょう時間 20分

学しゅうした日　月　日

名前

とく点　／100点

1246 解説→183ページ

❶ つぎの　計算(けいさん)を　ひっ算で　しましょう。　1つ10点【80点】

(1)　169－83

(2)　112－75

(3)　145－63

(4)　122－94

(5)　151－57

(6)　178－85

(7)　185－94

(8)　106－98

❷ 88円の　お茶(ちゃ)と、146円の　コーヒーの　ペットボトルが　あります。ちがいは　何円(なんえん)ですか。　【ぜんぶできて20点】

(しき)

(ひっ算)

答(こた)え

＼もう１回チャレンジ!!／

# まとめの　テスト❾

目ひょう時間 20分

学しゅうした日　月　日

名前

とく点

／100点

らくらくマルつけ

1246

解説→183ページ

❶ つぎの　計算(けいさん)を　ひっ算で　しましょう。 1つ10点【80点】

(1) 169−83

(2) 112−75

(3) 145−63

(4) 122−94

(5) 151−57

(6) 178−85

(7) 185−94

(8) 106−98

❷ 88円の　お茶(ちゃ)と、146円の　コーヒーの　ペットボトルが　あります。ちがいは　何円(なんえん)ですか。 【ぜんぶできて20点】

(しき)

(ひっ算)

答(こた)え

# たし算と　ひき算③

学しゅうした日　　月　　日

名前

とく点

／100点

**1** 水ぞくかんに　子どもが　152人、おとなが　79人　います。子どもの　ほうが　何人　多いですか。

【ぜんぶできて25点】

(しき)

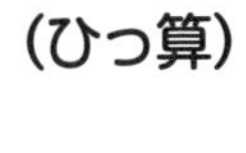

答え

**2** 88円の　えんぴつと　77円の　けしゴムを　買います。だい金は　いくらですか。

【ぜんぶできて25点】

(しき)

(ひっ算)

答え

**3** まみさんは　144ページの　本を、きのうは　86ページまで、今日は　112ページまで　読みました。今日　読んだのは　何ページですか。【ぜんぶできて30点】

(しき)

(ひっ算)

答え

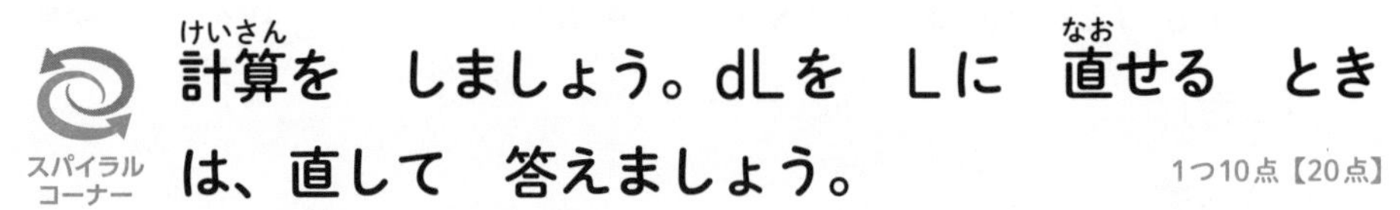

スパイラルコーナー

計算を　しましょう。dLを　Lに　直せる　ときは、直して　答えましょう。

1つ10点【20点】

(1)　8dL＋7dL＝

(2)　1L4dL－6dL＝

# たし算と　ひき算③

目ひょう時間 20分

学しゅうした日　月　日
名前
とく点　／100点

1247
解説→184ページ

❶ 水ぞくかんに　子どもが　152人、おとなが　79人います。子どもの　ほうが　何人　多いですか。【ぜんぶできて25点】

（しき）

（ひっ算）

答え

❷ 88円の　えんぴつと　77円の　けしゴムを　買います。だい金は　いくらですか。【ぜんぶできて25点】

（しき）

（ひっ算）

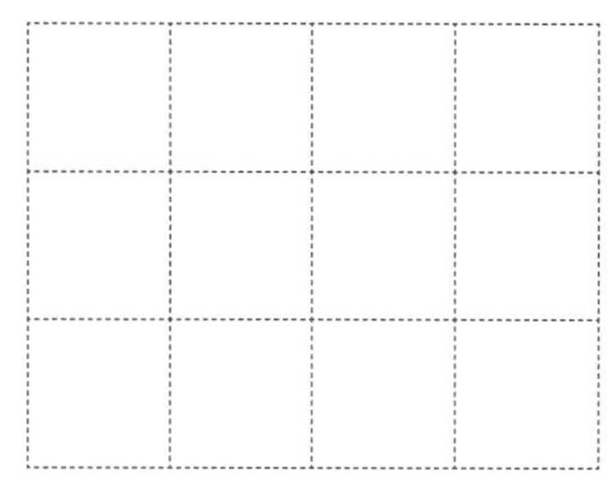

答え

❸ まみさんは　144ページの　本を、きのうは86ページまで、今日は　112ページまで　読みました。今日　読んだのは　何ページですか。【ぜんぶできて30点】

（しき）

（ひっ算）

答え

スパイラルコーナー
計算を　しましょう。dLを　Lに　直せる　ときは、直して　答えましょう。1つ10点【20点】

(1) 8dL＋7dL＝

(2) 1L4dL－6dL＝

# たし算と　ひき算④

目ひょう時間 20分

学しゅうした日　月　日

名前

とく点　／100点

1248 解説→184ページ

**1** 色紙が　64まい　ありました。今日、80まい　買いました。あわせて　何まいに　なりましたか。

【ぜんぶできて30点】

(しき)

(ひっ算)

答え

**2** まりさんは　150円　もって　います。96円の　チョコレートを　買うと　何円　のこりますか。

【ぜんぶできて30点】

(しき)

(ひっ算)

答え

**3** テープを　72cm　つかったら、のこりは　49cmに　なりました。はじめの　テープの　長さは　何cmですか。

【ぜんぶできて30点】

(しき)

(ひっ算)

答え

スパイラルコーナー

計算を　しましょう。dLを　Lに　直せる　ときは、直して　答えましょう。

1つ5点【10点】

(1)　4L3dL＋1L7dL＝

(2)　9L3dL－8L7dL＝

# たし算と　ひき算④

目ひょう時間 20分

学しゅうした日　月　日

名前

とく点

／100点

1248
解説→184ページ

❶ 色紙が　64まい　ありました。今日、80まい　買いました。あわせて　何まいに　なりましたか。

【ぜんぶできて30点】

（しき）

（ひっ算）

答え

❷ まりさんは　150円　もって　います。96円のチョコレートを　買うと　何円　のこりますか。

【ぜんぶできて30点】

（しき）

（ひっ算）

答え

❸ テープを　72cm　つかったら、のこりは　49cmになりました。はじめの　テープの　長さは　何cmですか。

【ぜんぶできて30点】

（しき）

（ひっ算）

答え

スパイラルコーナー

計算を　しましょう。dLを　Lに　直せる　ときは、直して　答えましょう。　1つ5点【10点】

(1)　4L3dL＋1L7dL＝

(2)　9L3dL－8L7dL＝

# 大きい　数の　ひっ算①

✎学しゅうした日　　月　　日

名前

とく点

／100点

1249
解説→184ページ

**❶ 345＋41を　ひっ算で　します。**　【ぜんぶできて10点】

一のくらいの　5＋1の　答えを　右の　アに、十のくらいの　4＋4の　答えを　イに　書きましょう。また、百のくらいの　答えを　ウに　書きましょう。

|  | 3 | 4 | 5 |
|---|---|---|---|
| ＋ |  | 4 | 1 |
|  | ウ | イ | ア |

**❷ つぎの　計算を　ひっ算で　しましょう。**　1つ10点【80点】

(1)　324＋65

(2)　416＋52

(3)　41＋235

(4)　613＋4

(5)　834＋22

(6)　62＋915

(7)　712＋37

(8)　508＋61

スパイラルコーナー

**計算を　しましょう。**　【10点】

|  | 1 | 2 | 6 |
|---|---|---|---|
| － |  | 4 | 1 |
|  |  |  |  |

＼もう１回チャレンジ!!／

# 大きい　数の　ひっ算①

学しゅうした日　　月　　日

名前

とく点

／100点

1249
解説→184ページ

**❶ 345＋41を　ひっ算で　します。** 【ぜんぶできて10点】

一のくらいの　5＋1の
答えを　右の　アに、
十のくらいの　4＋4の
答えを　イに　書きましょう。
また、百のくらいの　答えを
ウに　書きましょう。

|   |   |   |   |
|---|---|---|---|
|   | 3 | 4 | 5 |
| ＋ |   | 4 | 1 |
|   | ウ | イ | ア |

**❷ つぎの　計算を　ひっ算で　しましょう。** 1つ10点【80点】

(1)　324＋65

(2)　416＋52

(3)　41＋235

(4)　613＋4

(5)　834＋22

(6)　62＋915

(7)　712＋37

(8)　508＋61

スパイラルコーナー

**計算を　しましょう。** 【10点】

|   |   |   |   |
|---|---|---|---|
|   | 1 | 2 | 6 |
| － |   | 4 | 1 |
|   |   |   |   |

# 大きい 数(かず)の ひっ算(さん)②

目ひょう時間 20分

学しゅうした日　　月　　日

名前

とく点　　／100点

1250
解説→185ページ

らくらくマルつけ

❶ つぎの 計算(けいさん)を ひっ算で しましょう。 1つ9点【90点】

(1) 228＋43

(2) 639＋54

(3) 527＋39

(4) 24＋336

(5) 437＋38

(6) 712＋9

(7) 17＋546

(8) 907＋25

(9) 645＋29

(10) 78＋813

スパイラルコーナー

計算を しましょう。 【10点】

|  |  |  |  |
|---|---|---|---|
|  | 1 | 1 | 2 |
| − |  | 8 | 3 |
|  |  |  |  |

＼もう１回チャレンジ!!／

# 大きい　数の　ひっ算②

学しゅうした日　　月　　日

名前

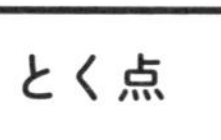

とく点

／100点

1250
解説→185ページ

**❶ つぎの　計算を　ひっ算で　しましょう。** 1つ9点【90点】

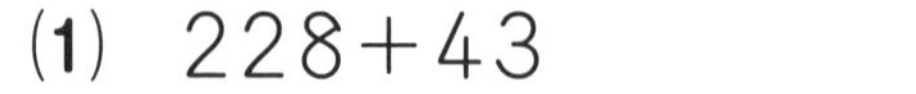

(1) 228＋43

(2) 639＋54

(3) 527＋39

(4) 24＋336

(5) 437＋38

(6) 712＋9

(7) 17＋546

(8) 907＋25

(9) 645＋29

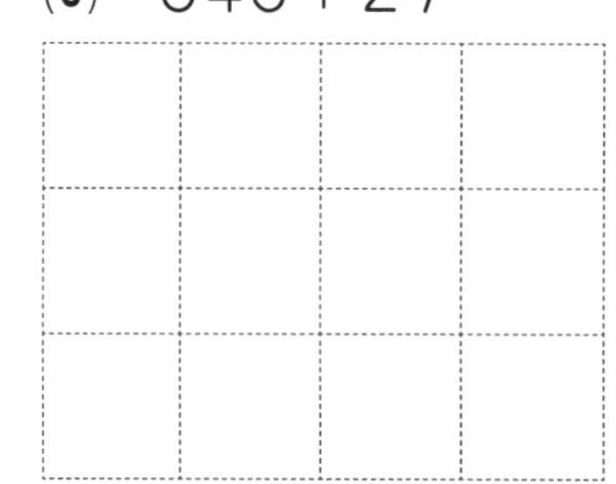

(10) 78＋813

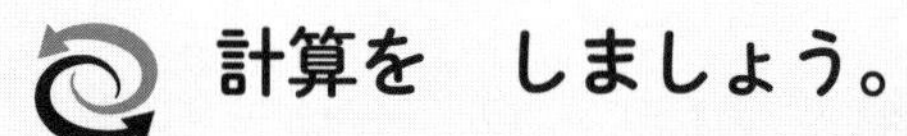

スパイラルコーナー

**計算を　しましょう。** 【10点】

|   |   |   |   |
|---|---|---|---|
|   | 1 | 1 | 2 |
| − |   | 8 | 3 |
|   |   |   |   |

# 51 大きい　数の　ひっ算③

| 学しゅうした日　　月　　日 | とく点 |
| --- | --- |
| 名前 | ／100点 |

1251
らくらくマルつけ
解説→185ページ

**1** **578－62を　ひっ算で　します。** 【ぜんぶできて10点】

一のくらいの　8－2の
答えを　右の　アに、
十のくらいの　7－6の
答えを　イに　書きましょう。
また、百のくらいの　答えを
ウに　書きましょう。

|  | 5 | 7 | 8 |
| --- | --- | --- | --- |
| － |  | 6 | 2 |
|  | ウ | イ | ア |

**2** **つぎの　計算を　ひっ算で　しましょう。** 1つ10点【80点】

(1) 867－45

(2) 248－12

(3) 675－65

(4) 349－8

(5) 736－32

(6) 468－53

(7) 589－70

(8) 947－31

スパイラルコーナー

**ある日の　どうぶつ園の　入園しゃ数は、おとな96人、子ども27人でした。入園しゃは　あわせて　何人ですか。** 【ぜんぶできて10点】

(ひっ算)

(しき)

答え

# 51 大きい　数の　ひっ算③

学しゅうした日　　月　　日
名前
とく点　　／100点
1251
解説→185ページ
らくらくマルつけ

❶ 578−62を　ひっ算で　します。【ぜんぶできて10点】

一のくらいの　8−2の
答えを　右の　アに、
十のくらいの　7−6の
答えを　イに　書きましょう。
また、百のくらいの　答えを
ウに　書きましょう。

| | | | |
|---|---|---|---|
| | 5 | 7 | 8 |
| − | | 6 | 2 |
| | ウ | イ | ア |

❷ つぎの　計算を　ひっ算で　しましょう。1つ10点【80点】

(1)　867−45

(2)　248−12

(3)　675−65

(4)　349−8

(5)　736−32

(6)　468−53

(7)　589−70

(8)　947−31

スパイラルコーナー

ある日の　どうぶつ園の　入園しゃ数は、おとな96人、子ども27人でした。入園しゃは　あわせて　何人ですか。【ぜんぶできて10点】

(しき)

(ひっ算)

答え

# 大きい　数(かず)の　ひっ算(さん)④

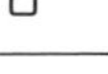学しゅうした日　　月　　日

名前

とく点　　／100点

1252
解説→185ページ

(1)　745－19

(2)　384－28

(3)　287－49

(4)　970－63

(5)　871－56

(6)　446－8

(7)　527－18

(8)　631－28

(9)　741－23

(10)　984－57

なわとびで、なみさんは　97回(かい)　とびました。さらさんは　なみさんより　4回　多(おお)く　とびました。さらさんは　何回(なんかい)　とびましたか。　【ぜんぶできて10点】

(ひっ算)

(しき)

答(こた)え

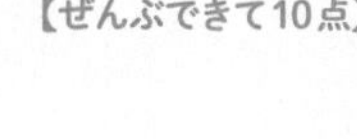

＼もう１回チャレンジ!!／

# 52 大きい 数の ひっ算④

学しゅうした日　月　日

名前

とく点

／100点

1252

解説→185ページ

❶ つぎの 計算を ひっ算で しましょう。 1つ9点【90点】

(1) 745－19

(2) 384－28

(3) 287－49

(4) 970－63

(5) 871－56

(6) 446－8

(7) 527－18

(8) 631－28

(9) 741－23

(10) 984－57

スパイラルコーナー

なわとびで、なみさんは 97回 とびました。さらさんは なみさんより 4回 多く とびました。さらさんは 何回 とびましたか。 【ぜんぶできて10点】

(ひっ算)

(しき)

答え

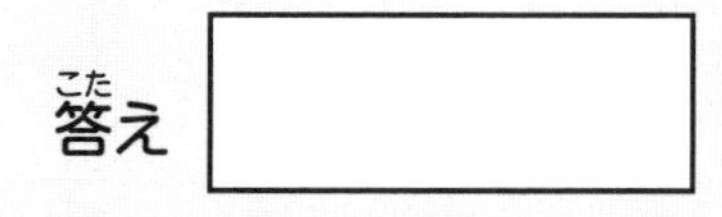

# 53 まとめの　テスト⑩

目ひょう時間 20分

学しゅうした日　　月　　日

名前

とく点　　／100点

1253
解説→186ページ

らくらくマルつけ

❶ つぎの　計算(けいさん)を　ひっ算で　しましょう。　1つ10点【60点】

(1)　241＋35

(2)　756−42

(3)　461−58

(4)　329＋62

(5)　508＋67

(6)　832−9

❷ サンドイッチは　260円で、これは　牛(ぎゅう)にゅうより　35円　高(たか)いです。牛にゅうは　何円(なんえん)ですか。

【ぜんぶできて20点】

(しき)

(ひっ算)

答(こた)え

❸ 本を　258ページまで　読(よ)みました。のこりは　あと　14ページです。この　本は　何ページ　ありますか。

【ぜんぶできて20点】

(しき)

(ひっ算)

答え

# まとめの　テスト⑩

学しゅうした日　　月　　日

名前

とく点　　／100点

1253
解説→186ページ

❶ つぎの　計算(けいさん)を　ひっ算で　しましょう。 1つ10点【60点】

(1)　241＋35

(2)　756－42

(3)　461－58

(4)　329＋62

(5)　508＋67

(6)　832－9

❷ サンドイッチは　260円で、これは　牛(ぎゅう)にゅうより　35円　高(たか)いです。牛にゅうは　何円(なんえん)ですか。

【ぜんぶできて20点】

(しき)

(ひっ算)

答(こた)え

❸ 本を　258ページまで　読(よ)みました。のこりは　あと　14ページです。この　本は　何ページ　ありますか。

【ぜんぶできて20点】

(しき)

(ひっ算)

答え

# パズル③

学しゅうした日　月　日

名前

とく点

／100点

1254
解説→186ページ

**1** ◯に 入る 数を 書きましょう。　1つ8点【72点】

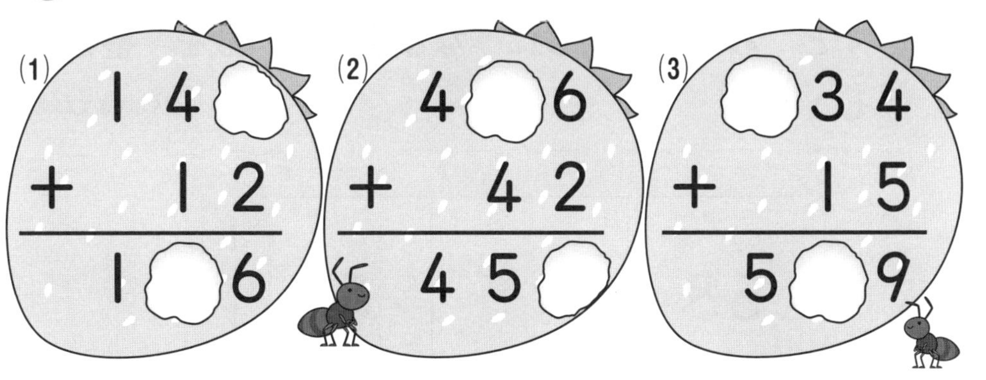


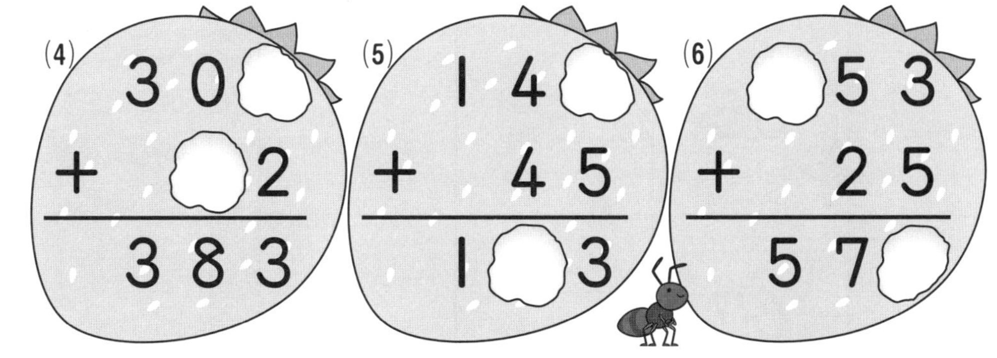


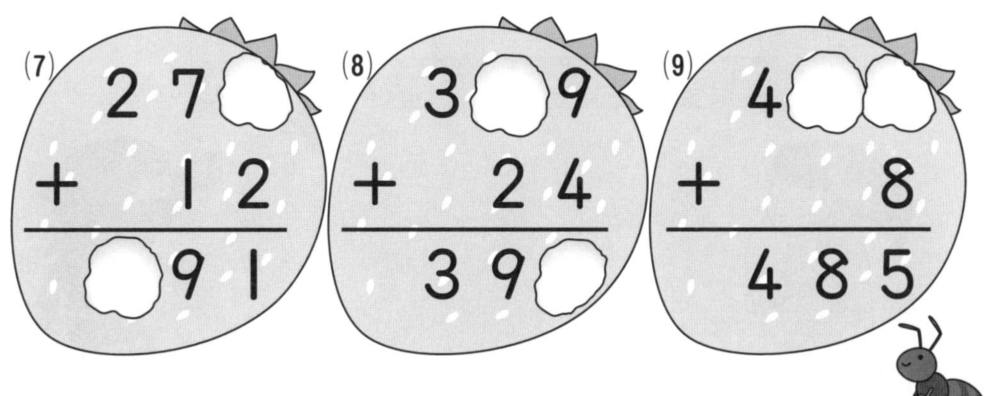


**2** たて、よこ、ななめに ならぶ 3つの 数を たすと みんな 同じに なるように、数を 書きましょう。　【ぜんぶできて28点】

| 58 |  | 53 |
| --- | --- | --- |
| 55 |  |  |
| 67 |  |  |

# パズル③

目ひょう時間 20分

学しゅうした日　　月　　日

名前

とく点　　／100点

1254
解説→186ページ

**1** ◯に 入る 数を 書きましょう。　1つ8点【72点】

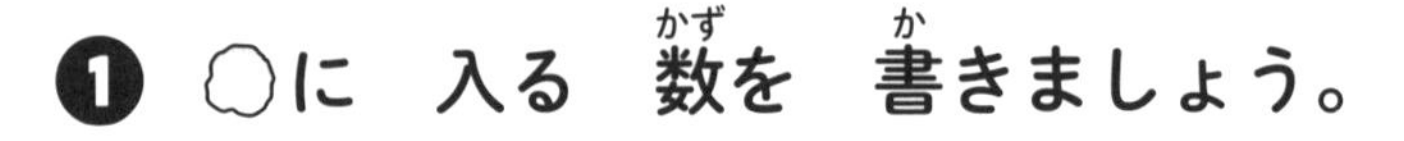

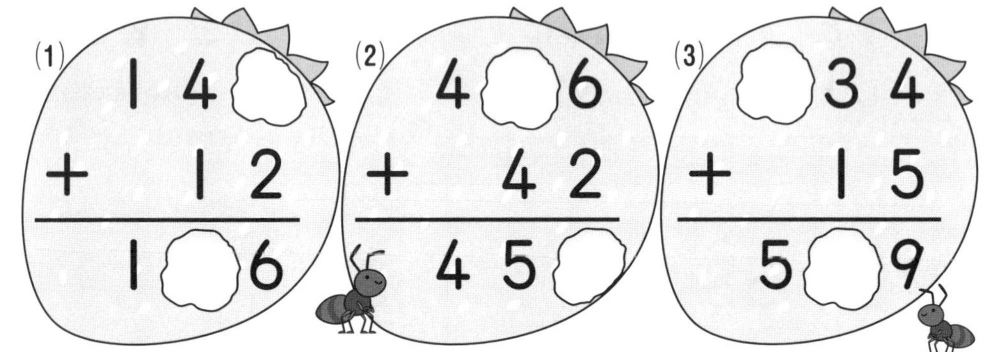

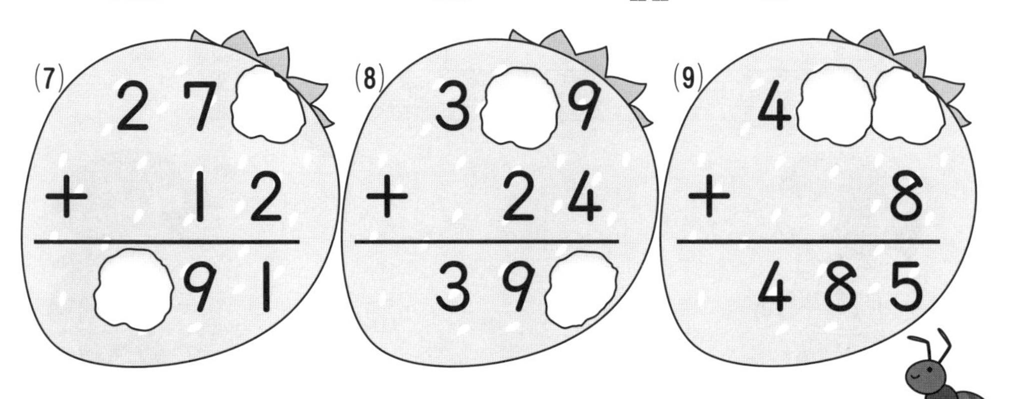


**2** たて、よこ、ななめに ならぶ 3つの 数を たすと みんな 同じに なるように、数を 書きましょう。　【ぜんぶできて28点】

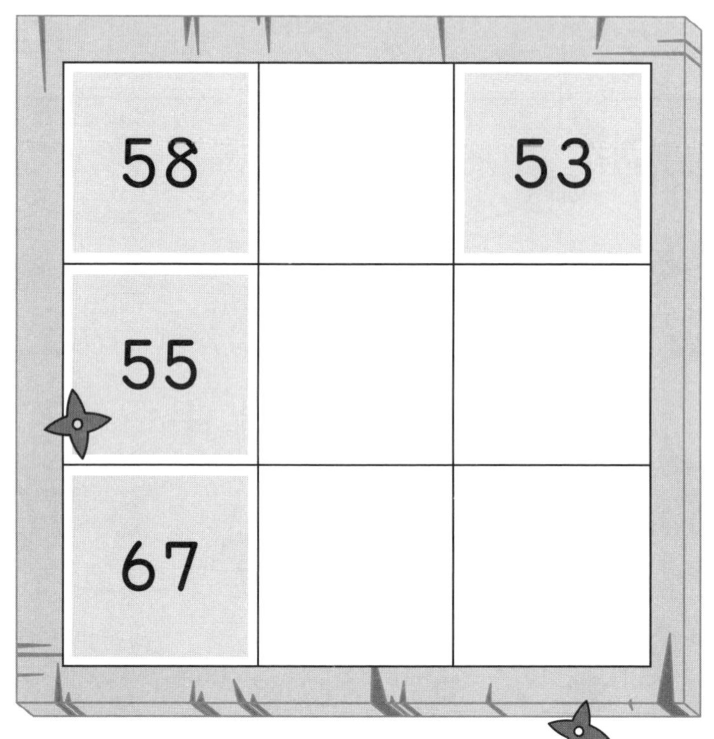

| 58 |  | 53 |
|---|---|---|
| 55 |  |  |
| 67 |  |  |

# かけ算の　いみ

学しゅうした日　月　日
名前
とく点
／100点

1255
解説→187ページ

**1** かけ算は　たし算の　しきに、たし算は　かけ算の　しきに　直しましょう。

(れい) 1×4＝1＋1＋1＋1　　1つ6点【60点】

(1) 4×3＝

(2) 5×6＝

(3) 3×5＝

(4) 7×2＝

(5) 9×4＝

(れい) 1＋1＋1＋1＝1×4

(6) 3＋3＋3＋3＋3＋3＋3＝

(7) 5＋5＋5＋5＋5＋5＝

(8) 2＋2＋2＋2＝

(9) 6＋6＋6＋6＋6＝

(10) 8＋8＋8＋8＋8＋8＋8＋8＝

**2** かけ算を　たし算の　しきに　直して　計算しましょう。　1つ6点【24点】

(1) 3×3＝

(2) 2×6＝

(3) 5×4＝

(4) 8×2＝

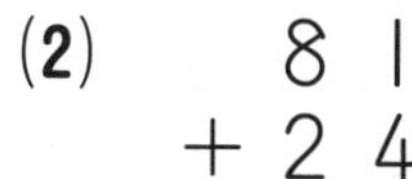


計算を　しましょう。　1つ4点【16点】

(1) 91＋66

(2) 81＋24

(3) 47＋91

(4) 98＋7

＼もう１回チャレンジ!!／

# 55 かけ算の　いみ

目ひょう時間 20分

学しゅうした日　月　日

名前

とく点　／100点

1255
解説→187ページ

❶ かけ算は　たし算の　しきに、たし算は　かけ算の　しきに　直しましょう。

1つ6点【60点】

(れい) $1 \times 4 = 1 + 1 + 1 + 1$

(1) $4 \times 3 =$

(2) $5 \times 6 =$

(3) $3 \times 5 =$

(4) $7 \times 2 =$

(5) $9 \times 4 =$

(れい) $1 + 1 + 1 + 1 = 1 \times 4$

(6) $3+3+3+3+3+3+3=$

(7) $5+5+5+5+5+5=$

(8) $2+2+2+2=$

(9) $6+6+6+6+6=$

(10) $8+8+8+8+8+8+8+8=$

❷ かけ算を　たし算の　しきに　直して　計算しましょう。

1つ6点【24点】

(1) $3 \times 3 =$

(2) $2 \times 6 =$

(3) $5 \times 4 =$

(4) $8 \times 2 =$

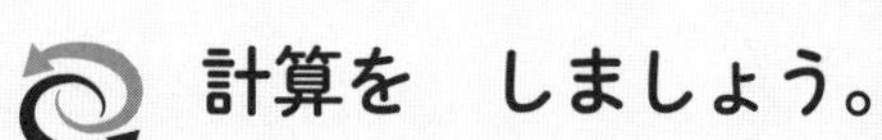

スパイラルコーナー

計算を　しましょう。

1つ4点【16点】

(1) $\begin{array}{r} 91 \\ +66 \\ \hline \end{array}$

(2) $\begin{array}{r} 81 \\ +24 \\ \hline \end{array}$

(3) $\begin{array}{r} 47 \\ +91 \\ \hline \end{array}$

(4) $\begin{array}{r} 98 \\ +\ 7 \\ \hline \end{array}$

# かけ算①

学しゅうした日　月　日

名前

とく点　／100点

1256
解説→187ページ

**1** □に　入る　数を　書きましょう。　1つ3点【27点】

(1) 5×1(五一が)＝□　(2) 5×2(五二)＝□

(3) 5×3(五三)＝□　(4) 5×4(五四)＝□

(5) 5×5(五五)＝□　(6) 5×6(五六)＝□

(7) 5×7(五七)＝□　(8) 5×8(五八)＝□

(9) 5×9(五九)＝□

**2** 計算を　しましょう。　1つ3点【27点】

(1) 5×1＝　(2) 5×2＝

(3) 5×3＝　(4) 5×4＝

(5) 5×5＝　(6) 5×6＝

(7) 5×7＝　(8) 5×8＝

(9) 5×9＝

**3** 計算を　しましょう。　1つ3点【30点】

(1) 5×3＝　(2) 5×9＝

(3) 5×8＝　(4) 5×1＝

(5) 5×5＝　(6) 5×6＝

(7) 5×4＝　(8) 5×2＝

(9) 5×7＝　(10) 5×6＝

スパイラルコーナー　計算を　しましょう。　1つ4点【16点】

(1) 77 + 36

(2) 93 + 9

(3) 56 + 88

(4) 85 + 86

＼もう１回チャレンジ!!／

# かけ算①

目ひょう時間 20分

学しゅうした日　月　日

名前

とく点　／100点

1256 解説→187ページ

## ❶ □に　入る　数を　書きましょう。　1つ3点【27点】

(1) 5×1(五一が)＝□

(2) 5×2(五二)＝□

(3) 5×3(五三)＝□

(4) 5×4(五四)＝□

(5) 5×5(五五)＝□

(6) 5×6(五六)＝□

(7) 5×7(五七)＝□

(8) 5×8(五八)＝□

(9) 5×9(五九)＝□

## ❷ 計算を　しましょう。　1つ3点【27点】

(1) 5×1＝

(2) 5×2＝

(3) 5×3＝

(4) 5×4＝

(5) 5×5＝

(6) 5×6＝

(7) 5×7＝

(8) 5×8＝

(9) 5×9＝

## ❸ 計算を　しましょう。　1つ3点【30点】

(1) 5×3＝

(2) 5×9＝

(3) 5×8＝

(4) 5×1＝

(5) 5×5＝

(6) 5×6＝

(7) 5×4＝

(8) 5×2＝

(9) 5×7＝

(10) 5×6＝

## スパイラルコーナー　計算を　しましょう。　1つ4点【16点】

(1) $\begin{array}{r} 77 \\ +36 \\ \hline \end{array}$

(2) $\begin{array}{r} 93 \\ +\ 9 \\ \hline \end{array}$

(3) $\begin{array}{r} 56 \\ +88 \\ \hline \end{array}$

(4) $\begin{array}{r} 85 \\ +86 \\ \hline \end{array}$

# かけ算②

学しゅうした日　月　日
名前
とく点　／100点

1257
解説→187ページ

## 1 □に　入る　数を　書きましょう。　1つ3点【27点】

(1) 2×1(二一が)＝□
(2) 2×2(二二が)＝□
(3) 2×3(二三が)＝□
(4) 2×4(二四が)＝□
(5) 2×5(二五)＝□
(6) 2×6(二六)＝□
(7) 2×7(二七)＝□
(8) 2×8(二八)＝□
(9) 2×9(二九)＝□

## 2 計算を　しましょう。　1つ3点【27点】

(1) 2×1＝
(2) 2×2＝
(3) 2×3＝
(4) 2×4＝
(5) 2×5＝
(6) 2×6＝
(7) 2×7＝
(8) 2×8＝
(9) 2×9＝

## 3 計算を　しましょう。　1つ3点【30点】

(1) 2×5＝
(2) 2×3＝
(3) 2×1＝
(4) 2×8＝
(5) 2×2＝
(6) 2×9＝
(7) 2×3＝
(8) 2×4＝
(9) 2×7＝
(10) 2×6＝

## スパイラルコーナー　計算を　しましょう。　1つ4点【16点】

(1) $\begin{array}{r} 67 \\ +42 \\ \hline \end{array}$

(2) $\begin{array}{r} 89 \\ +22 \\ \hline \end{array}$

(3) $\begin{array}{r} 48 \\ +78 \\ \hline \end{array}$

(4) $\begin{array}{r} 76 \\ +87 \\ \hline \end{array}$

＼もう1回チャレンジ!!／

# 57 かけ算②

目ひょう時間 20分

学しゅうした日　月　日

名前

とく点　／100点

1257 解説→187ページ

**❶ □に　入る　数を　書きましょう。** 1つ3点【27点】

(1) 2×1(二一が)＝□　(2) 2×2(二二が)＝□

(3) 2×3(二三が)＝□　(4) 2×4(二四が)＝□

(5) 2×5(二五)＝□　(6) 2×6(二六)＝□

(7) 2×7(二七)＝□　(8) 2×8(二八)＝□

(9) 2×9(二九)＝□

**❷ 計算を　しましょう。** 1つ3点【27点】

(1) 2×1＝　(2) 2×2＝

(3) 2×3＝　(4) 2×4＝

(5) 2×5＝　(6) 2×6＝

(7) 2×7＝　(8) 2×8＝

(9) 2×9＝

**❸ 計算を　しましょう。** 1つ3点【30点】

(1) 2×5＝　(2) 2×3＝

(3) 2×1＝　(4) 2×8＝

(5) 2×2＝　(6) 2×9＝

(7) 2×3＝　(8) 2×4＝

(9) 2×7＝　(10) 2×6＝

スパイラルコーナー

**計算を　しましょう。** 1つ4点【16点】

(1) 67＋42　(2) 89＋22

(3) 48＋78　(4) 76＋87

# かけ算③

学しゅうした日　　月　　日

名前

とく点　　／100点

らくらくマルつけ

1258
解説→187ページ

## ❶ □に　入る　数を　書きましょう。　1つ3点【27点】

(1) 3×1(三一が)＝□　(2) 3×2(三二が)＝□

(3) 3×3(三三が)＝□　(4) 3×4(三四)＝□

(5) 3×5(三五)＝□　(6) 3×6(三六)＝□

(7) 3×7(三七)＝□　(8) 3×8(三八)＝□

(9) 3×9(三九)＝□

## ❷ 計算を　しましょう。　1つ3点【27点】

(1) 3×1＝　(2) 3×2＝

(3) 3×3＝　(4) 3×4＝

(5) 3×5＝　(6) 3×6＝

(7) 3×7＝　(8) 3×8＝

(9) 3×9＝

## ❸ 計算を　しましょう。　1つ3点【30点】

(1) 3×6＝　(2) 3×5＝

(3) 3×7＝　(4) 3×8＝

(5) 3×4＝　(6) 3×1＝

(7) 3×2＝　(8) 3×3＝

(9) 3×9＝　(10) 3×7＝

## スパイラルコーナー　計算を　しましょう。　1つ4点【16点】

(1) $\begin{array}{r} 143 \\ -\ \ 86 \\ \hline \end{array}$　(2) $\begin{array}{r} 154 \\ -\ \ 67 \\ \hline \end{array}$

(3) $\begin{array}{r} 107 \\ -\ \ 63 \\ \hline \end{array}$　(4) $\begin{array}{r} 111 \\ -\ \ 74 \\ \hline \end{array}$

# かけ算③

目ひょう時間 20分

学しゅうした日　月　日

名前

とく点　／100点

1258 解説→187ページ

❶ □に　入る　数を　書きましょう。　1つ3点【27点】

(1) 3×1(三一が)＝□
(2) 3×2(三二が)＝□
(3) 3×3(三三が)＝□
(4) 3×4(三四)＝□
(5) 3×5(三五)＝□
(6) 3×6(三六)＝□
(7) 3×7(三七)＝□
(8) 3×8(三八)＝□
(9) 3×9(三九)＝□

❷ 計算を　しましょう。　1つ3点【27点】

(1) 3×1＝
(2) 3×2＝
(3) 3×3＝
(4) 3×4＝
(5) 3×5＝
(6) 3×6＝
(7) 3×7＝
(8) 3×8＝
(9) 3×9＝

❸ 計算を　しましょう。　1つ3点【30点】

(1) 3×6＝
(2) 3×5＝
(3) 3×7＝
(4) 3×8＝
(5) 3×4＝
(6) 3×1＝
(7) 3×2＝
(8) 3×3＝
(9) 3×9＝
(10) 3×7＝

スパイラルコーナー　計算を　しましょう。　1つ4点【16点】

(1) $\begin{array}{r} 143 \\ -\ 86 \\ \hline \end{array}$

(2) $\begin{array}{r} 154 \\ -\ 67 \\ \hline \end{array}$

(3) $\begin{array}{r} 107 \\ -\ 63 \\ \hline \end{array}$

(4) $\begin{array}{r} 111 \\ -\ 74 \\ \hline \end{array}$

# かけ算④

目ひょう時間 20分

学しゅうした日　月　日
名前
とく点　／100点

1259
解説→188ページ

**1** □に 入る 数を 書きましょう。　1つ3点【27点】

(1) 4×1(四一が)＝□　(2) 4×2(四二が)＝□

(3) 4×3(四三)＝□　(4) 4×4(四四)＝□

(5) 4×5(四五)＝□　(6) 4×6(四六)＝□

(7) 4×7(四七)＝□　(8) 4×8(四八)＝□

(9) 4×9(四九)＝□

**2** 計算を しましょう。　1つ3点【27点】

(1) 4×1＝　(2) 4×2＝

(3) 4×3＝　(4) 4×4＝

(5) 4×5＝　(6) 4×6＝

(7) 4×7＝　(8) 4×8＝

(9) 4×9＝

**3** 計算を しましょう。　1つ3点【30点】

(1) 4×1＝　(2) 4×8＝

(3) 4×6＝　(4) 4×5＝

(5) 4×9＝　(6) 4×7＝

(7) 4×2＝　(8) 4×4＝

(9) 4×3＝　(10) 4×5＝

スパイラルコーナー　計算を しましょう。　1つ4点【16点】

(1) $114 - 27$　(2) $160 - 72$

(3) $139 - 59$　(4) $141 - 88$

# 59 かけ算④

学しゅうした日　月　日

名前

とく点　／100点

1259
解説→188ページ

## ❶ □に 入る 数を 書きましょう。 1つ3点【27点】

(1) 4×1(四一が)＝□　(2) 4×2(四二が)＝□

(3) 4×3(四三)＝□　(4) 4×4(四四)＝□

(5) 4×5(四五)＝□　(6) 4×6(四六)＝□

(7) 4×7(四七)＝□　(8) 4×8(四八)＝□

(9) 4×9(四九)＝□

## ❷ 計算を しましょう。 1つ3点【27点】

(1) 4×1＝　(2) 4×2＝

(3) 4×3＝　(4) 4×4＝

(5) 4×5＝　(6) 4×6＝

(7) 4×7＝　(8) 4×8＝

(9) 4×9＝

## ❸ 計算を しましょう。 1つ3点【30点】

(1) 4×1＝　(2) 4×8＝

(3) 4×6＝　(4) 4×5＝

(5) 4×9＝　(6) 4×7＝

(7) 4×2＝　(8) 4×4＝

(9) 4×3＝　(10) 4×5＝

## スパイラルコーナー　計算を しましょう。 1つ4点【16点】

(1)
$$\begin{array}{r} 114 \\ -\ 27 \\ \hline \end{array}$$

(2)
$$\begin{array}{r} 160 \\ -\ 72 \\ \hline \end{array}$$

(3)
$$\begin{array}{r} 139 \\ -\ 59 \\ \hline \end{array}$$

(4)
$$\begin{array}{r} 141 \\ -\ 88 \\ \hline \end{array}$$

# かけ算⑤

目ひょう時間 20分

学しゅうした日　月　日

名前

とく点　／100点

1260 解説→188ページ

**1** 計算を　しましょう。　1つ3点【30点】

(1) 2×8＝　(2) 3×6＝

(3) 2×2＝　(4) 3×7＝

(5) 2×5＝　(6) 2×4＝

(7) 2×3＝　(8) 3×9＝

(9) 3×1＝　(10) 3×5＝

**2** 計算を　しましょう。　1つ3点【30点】

(1) 5×5＝　(2) 5×1＝

(3) 4×4＝　(4) 5×6＝

(5) 5×3＝　(6) 5×9＝

(7) 4×7＝　(8) 4×2＝

(9) 4×8＝　(10) 4×6＝

**3** 計算を　しましょう。　1つ3点【24点】

(1) 5×8＝　(2) 3×2＝

(3) 4×1＝　(4) 2×6＝

(5) 3×4＝　(6) 5×7＝

(7) 4×3＝　(8) 2×7＝

スパイラルコーナー　計算を　しましょう。　1つ4点【16点】

(1) $\begin{array}{r} 105 \\ -\ 53 \\ \hline \end{array}$　(2) $\begin{array}{r} 110 \\ -\ 82 \\ \hline \end{array}$

(3) $\begin{array}{r} 141 \\ -\ 64 \\ \hline \end{array}$　(4) $\begin{array}{r} 124 \\ -\ 68 \\ \hline \end{array}$

＼もう1回チャレンジ!!／

# かけ算⑤

目ひょう時間 20分

学しゅうした日　　月　　日

名前

とく点

／100点

1260

解説→188ページ

らくらくマルつけ

**❶ 計算を　しましょう。** 1つ3点【30点】

(1) $2\times8=$　(2) $3\times6=$

(3) $2\times2=$　(4) $3\times7=$

(5) $2\times5=$　(6) $2\times4=$

(7) $2\times3=$　(8) $3\times9=$

(9) $3\times1=$　(10) $3\times5=$

**❷ 計算を　しましょう。** 1つ3点【30点】

(1) $5\times5=$　(2) $5\times1=$

(3) $4\times4=$　(4) $5\times6=$

(5) $5\times3=$　(6) $5\times9=$

(7) $4\times7=$　(8) $4\times2=$

(9) $4\times8=$　(10) $4\times6=$

**❸ 計算を　しましょう。** 1つ3点【24点】

(1) $5\times8=$　(2) $3\times2=$

(3) $4\times1=$　(4) $2\times6=$

(5) $3\times4=$　(6) $5\times7=$

(7) $4\times3=$　(8) $2\times7=$

**スパイラルコーナー　計算を　しましょう。** 1つ4点【16点】

(1) $\begin{array}{r} 105 \\ -\ \ 53 \\ \hline \end{array}$　(2) $\begin{array}{r} 110 \\ -\ \ 82 \\ \hline \end{array}$

(3) $\begin{array}{r} 141 \\ -\ \ 64 \\ \hline \end{array}$　(4) $\begin{array}{r} 124 \\ -\ \ 68 \\ \hline \end{array}$

# かけ算⑥

学しゅうした日　　月　　日

名前

とく点　　／100点

解説→188ページ

**1** 計算を　しましょう。　1つ3点【30点】

(1) 3×4=　　(2) 3×5=

(3) 2×5=　　(4) 2×7=

(5) 2×8=　　(6) 2×9=

(7) 3×1=　　(8) 2×2=

(9) 3×6=　　(10) 3×8=

**2** 計算を　しましょう。　1つ3点【30点】

(1) 4×7=　　(2) 5×8=

(3) 4×6=　　(4) 5×4=

(5) 4×5=　　(6) 5×2=

(7) 5×9=　　(8) 4×9=

(9) 4×8=　　(10) 5×1=

**3** 計算を　しましょう。　1つ3点【24点】

(1) 2×3=　　(2) 3×9=

(3) 4×2=　　(4) 5×3=

(5) 5×5=　　(6) 2×1=

(7) 3×3=　　(8) 4×4=

スパイラルコーナー　計算を　しましょう。　1つ4点【16点】

(1) $\begin{array}{r} 762 \\ +\ 23 \\ \hline \end{array}$　　(2) $\begin{array}{r} 568 \\ +\ 11 \\ \hline \end{array}$

(3) $\begin{array}{r} 216 \\ +\ 43 \\ \hline \end{array}$　　(4) $\begin{array}{r} 334 \\ +\ 54 \\ \hline \end{array}$

# 61 かけ算⑥

学しゅうした日　月　日

名前

とく点

／100点

1261
解説→188ページ

**1** 計算を　しましょう。　1つ3点【30点】

(1) 3×4＝　(2) 3×5＝

(3) 2×5＝　(4) 2×7＝

(5) 2×8＝　(6) 2×9＝

(7) 3×1＝　(8) 2×2＝

(9) 3×6＝　(10) 3×8＝

**2** 計算を　しましょう。　1つ3点【30点】

(1) 4×7＝　(2) 5×8＝

(3) 4×6＝　(4) 5×4＝

(5) 4×5＝　(6) 5×2＝

(7) 5×9＝　(8) 4×9＝

(9) 4×8＝　(10) 5×1＝

**3** 計算を　しましょう。　1つ3点【24点】

(1) 2×3＝　(2) 3×9＝

(3) 4×2＝　(4) 5×3＝

(5) 5×5＝　(6) 2×1＝

(7) 3×3＝　(8) 4×4＝

スパイラルコーナー

計算を　しましょう。　1つ4点【16点】

(1) 762 ＋ 23

(2) 568 ＋ 11

(3) 216 ＋ 43

(4) 334 ＋ 54

# かけ算⑦

学しゅうした日　月　日

名前

とく点　／100点

1262
解説→188ページ

らくらくマルつけ

**1** □に　入る　数を　書きましょう。　1つ3点【27点】

(1) $6\times1$（六一が）＝□　(2) $6\times2$（六二）＝□

(3) $6\times3$（六三）＝□　(4) $6\times4$（六四）＝□

(5) $6\times5$（六五）＝□　(6) $6\times6$（六六）＝□

(7) $6\times7$（六七）＝□　(8) $6\times8$（六八）＝□

(9) $6\times9$（六九）＝□

**2** 計算を　しましょう。　1つ3点【27点】

(1) $6\times1=$　(2) $6\times2=$

(3) $6\times3=$　(4) $6\times4=$

(5) $6\times5=$　(6) $6\times6=$

(7) $6\times7=$　(8) $6\times8=$

(9) $6\times9=$

**3** 計算を　しましょう。　1つ3点【30点】

(1) $6\times5=$　(2) $6\times6=$

(3) $6\times1=$　(4) $6\times8=$

(5) $6\times7=$　(6) $6\times3=$

(7) $6\times4=$　(8) $6\times9=$

(9) $6\times2=$　(10) $6\times3=$

スパイラルコーナー

計算を　しましょう。　1つ4点【16点】

(1) $502+42$　(2) $242+55$

(3) $134+21$　(4) $455+33$

# かけ算⑦

目ひょう時間 20分

学しゅうした日　月　日

名前

とく点　／100点

1262
解説→188ページ

## ❶ □に 入る 数を 書きましょう。 1つ3点【27点】

(1) $6 \times 1$（六一が）＝□
(2) $6 \times 2$（六二）＝□
(3) $6 \times 3$（六三）＝□
(4) $6 \times 4$（六四）＝□
(5) $6 \times 5$（六五）＝□
(6) $6 \times 6$（六六）＝□
(7) $6 \times 7$（六七）＝□
(8) $6 \times 8$（六八）＝□
(9) $6 \times 9$（六九）＝□

## ❷ 計算を しましょう。 1つ3点【27点】

(1) $6 \times 1 =$
(2) $6 \times 2 =$
(3) $6 \times 3 =$
(4) $6 \times 4 =$
(5) $6 \times 5 =$
(6) $6 \times 6 =$
(7) $6 \times 7 =$
(8) $6 \times 8 =$
(9) $6 \times 9 =$

## ❸ 計算を しましょう。 1つ3点【30点】

(1) $6 \times 5 =$
(2) $6 \times 6 =$
(3) $6 \times 1 =$
(4) $6 \times 8 =$
(5) $6 \times 7 =$
(6) $6 \times 3 =$
(7) $6 \times 4 =$
(8) $6 \times 9 =$
(9) $6 \times 2 =$
(10) $6 \times 3 =$

スパイラルコーナー

## 計算を しましょう。 1つ4点【16点】

(1) $502 + 42$

(2) $242 + 55$

(3) $134 + 21$

(4) $455 + 33$

# かけ算⑧

学しゅうした日　月　日

名前

とく点　／100点

解説→189ページ

**1** □に　入る　数を　書きましょう。　1つ3点【27点】

(1) 7×1(七一が)＝□　(2) 7×2(七二)＝□

(3) 7×3(七三)＝□　(4) 7×4(七四)＝□

(5) 7×5(七五)＝□　(6) 7×6(七六)＝□

(7) 7×7(七七)＝□　(8) 7×8(七八)＝□

(9) 7×9(七九)＝□

**2** 計算を　しましょう。　1つ3点【27点】

(1) 7×1＝　(2) 7×2＝

(3) 7×3＝　(4) 7×4＝

(5) 7×5＝　(6) 7×6＝

(7) 7×7＝　(8) 7×8＝

(9) 7×9＝

**3** 計算を　しましょう。　1つ3点【30点】

(1) 7×2＝　(2) 7×7＝

(3) 7×1＝　(4) 7×3＝

(5) 7×6＝　(6) 7×4＝

(7) 7×9＝　(8) 7×5＝

(9) 7×8＝　(10) 7×6＝

スパイラルコーナー　計算を　しましょう。　1つ4点【16点】

(1) $\begin{array}{r} 284 \\ -\ \ 22 \\ \hline \end{array}$　(2) $\begin{array}{r} 883 \\ -\ \ 53 \\ \hline \end{array}$

(3) $\begin{array}{r} 476 \\ -\ \ 55 \\ \hline \end{array}$　(4) $\begin{array}{r} 585 \\ -\ \ 74 \\ \hline \end{array}$

＼もう1回チャレンジ!! ／

# かけ算⑧

目ひょう時間 20分

学しゅうした日　月　日

名前

とく点　／100点

1263
解説→189ページ

らくらくマルつけ

**1** □に 入る 数を 書きましょう。 1つ3点【27点】

(1) 7×1(七一が)＝□
(2) 7×2(七二)＝□
(3) 7×3(七三)＝□
(4) 7×4(七四)＝□
(5) 7×5(七五)＝□
(6) 7×6(七六)＝□
(7) 7×7(七七)＝□
(8) 7×8(七八)＝□
(9) 7×9(七九)＝□

**2** 計算を しましょう。 1つ3点【27点】

(1) 7×1＝
(2) 7×2＝
(3) 7×3＝
(4) 7×4＝
(5) 7×5＝
(6) 7×6＝
(7) 7×7＝
(8) 7×8＝
(9) 7×9＝

**3** 計算を しましょう。 1つ3点【30点】

(1) 7×2＝
(2) 7×7＝
(3) 7×1＝
(4) 7×3＝
(5) 7×6＝
(6) 7×4＝
(7) 7×9＝
(8) 7×5＝
(9) 7×8＝
(10) 7×6＝

スパイラルコーナー
計算を しましょう。 1つ4点【16点】

(1)
$$\begin{array}{r} 284 \\ -\ \ 22 \\ \hline \end{array}$$

(2)
$$\begin{array}{r} 883 \\ -\ \ 53 \\ \hline \end{array}$$

(3)
$$\begin{array}{r} 476 \\ -\ \ 55 \\ \hline \end{array}$$

(4)
$$\begin{array}{r} 585 \\ -\ \ 74 \\ \hline \end{array}$$

# かけ算⑨

学しゅうした日　月　日

名前

とく点

／100点

1264
解説→189ページ

**1** □に　入る　数を　書きましょう。　1つ3点【27点】

(1) 8×1(八一が)＝□　(2) 8×2(八二)＝□

(3) 8×3(八三)＝□　(4) 8×4(八四)＝□

(5) 8×5(八五)＝□　(6) 8×6(八六)＝□

(7) 8×7(八七)＝□　(8) 8×8(八八)＝□

(9) 8×9(八九)＝□

**2** 計算を　しましょう。　1つ3点【27点】

(1) 8×1＝　(2) 8×2＝

(3) 8×3＝　(4) 8×4＝

(5) 8×5＝　(6) 8×6＝

(7) 8×7＝　(8) 8×8＝

(9) 8×9＝

**3** 計算を　しましょう。　1つ3点【30点】

(1) 8×4＝　(2) 8×7＝

(3) 8×1＝　(4) 8×2＝

(5) 8×3＝　(6) 8×8＝

(7) 8×9＝　(8) 8×6＝

(9) 8×5＝　(10) 8×4＝

スパイラルコーナー　計算を　しましょう。　1つ4点【16点】

(1) $\begin{array}{r} 548 \\ -\ 26 \\ \hline \end{array}$　(2) $\begin{array}{r} 669 \\ -\ 59 \\ \hline \end{array}$

(3) $\begin{array}{r} 755 \\ -\ 12 \\ \hline \end{array}$　(4) $\begin{array}{r} 824 \\ -\ 23 \\ \hline \end{array}$

# かけ算⑨

目ひょう時間 20分

学しゅうした日　月　日

名前

とく点　／100点

1264
解説→189ページ

## ❶ □に 入る 数を 書きましょう。　1つ3点【27点】

(1) 8×1(八一が)＝□　(2) 8×2(八二)＝□

(3) 8×3(八三)＝□　(4) 8×4(八四)＝□

(5) 8×5(八五)＝□　(6) 8×6(八六)＝□

(7) 8×7(八七)＝□　(8) 8×8(八八)＝□

(9) 8×9(八九)＝□

## ❷ 計算を しましょう。　1つ3点【27点】

(1) 8×1＝　(2) 8×2＝

(3) 8×3＝　(4) 8×4＝

(5) 8×5＝　(6) 8×6＝

(7) 8×7＝　(8) 8×8＝

(9) 8×9＝

## ❸ 計算を しましょう。　1つ3点【30点】

(1) 8×4＝　(2) 8×7＝

(3) 8×1＝　(4) 8×2＝

(5) 8×3＝　(6) 8×8＝

(7) 8×9＝　(8) 8×6＝

(9) 8×5＝　(10) 8×4＝

## スパイラルコーナー　計算を しましょう。　1つ4点【16点】

(1) $548 - 26$

(2) $669 - 59$

(3) $755 - 12$

(4) $824 - 23$

# かけ算⑩

学しゅうした日　月　日

名前

とく点　／100点

1265
解説→189ページ

**1** □に 入る 数を 書きましょう。 1つ3点【27点】

(1) 9×1(九一が)＝□
(2) 9×2(九二)＝□
(3) 9×3(九三)＝□
(4) 9×4(九四)＝□
(5) 9×5(九五)＝□
(6) 9×6(九六)＝□
(7) 9×7(九七)＝□
(8) 9×8(九八)＝□
(9) 9×9(九九)＝□

**2** 計算を しましょう。 1つ3点【27点】

(1) 9×1＝
(2) 9×2＝
(3) 9×3＝
(4) 9×4＝
(5) 9×5＝
(6) 9×6＝
(7) 9×7＝
(8) 9×8＝
(9) 9×9＝

**3** 計算を しましょう。 1つ3点【30点】

(1) 9×9＝
(2) 9×6＝
(3) 9×1＝
(4) 9×2＝
(5) 9×8＝
(6) 9×3＝
(7) 9×5＝
(8) 9×4＝
(9) 9×7＝
(10) 9×6＝

スパイラルコーナー 計算を しましょう。 1つ4点【16点】

(1) $\begin{array}{r} 154 \\ +\ 39 \\ \hline \end{array}$
(2) $\begin{array}{r} 303 \\ +\ 86 \\ \hline \end{array}$
(3) $\begin{array}{r} 419 \\ +\ 72 \\ \hline \end{array}$
(4) $\begin{array}{r} 639 \\ +\ 25 \\ \hline \end{array}$

# かけ算⑩

学しゅうした日　月　日
名前
とく点
／100点

1265
解説→189ページ

## ❶ □に 入る 数を 書きましょう。 1つ3点【27点】

(1) 9×1(九一が)＝□ (2) 9×2(九二)＝□
(3) 9×3(九三)＝□ (4) 9×4(九四)＝□
(5) 9×5(九五)＝□ (6) 9×6(九六)＝□
(7) 9×7(九七)＝□ (8) 9×8(九八)＝□
(9) 9×9(九九)＝□

## ❷ 計算を しましょう。 1つ3点【27点】

(1) 9×1＝ (2) 9×2＝
(3) 9×3＝ (4) 9×4＝
(5) 9×5＝ (6) 9×6＝
(7) 9×7＝ (8) 9×8＝
(9) 9×9＝

## ❸ 計算を しましょう。 1つ3点【30点】

(1) 9×9＝ (2) 9×6＝
(3) 9×1＝ (4) 9×2＝
(5) 9×8＝ (6) 9×3＝
(7) 9×5＝ (8) 9×4＝
(9) 9×7＝ (10) 9×6＝

## スパイラルコーナー 計算を しましょう。 1つ4点【16点】

(1)
$$\begin{array}{r} 154 \\ +\ \ 39 \\ \hline \end{array}$$

(2)
$$\begin{array}{r} 303 \\ +\ \ 86 \\ \hline \end{array}$$

(3)
$$\begin{array}{r} 419 \\ +\ \ 72 \\ \hline \end{array}$$

(4)
$$\begin{array}{r} 639 \\ +\ \ 25 \\ \hline \end{array}$$

# かけ算⑪

目ひょう時間 20分

学しゅうした日　月　日

名前

とく点

／100点

1266
解説→189ページ

**1** 計算(けいさん)を　しましょう。　1つ3点【30点】

(1) $7 \times 6 =$　(2) $6 \times 8 =$

(3) $6 \times 3 =$　(4) $7 \times 1 =$

(5) $6 \times 2 =$　(6) $7 \times 4 =$

(7) $7 \times 9 =$　(8) $6 \times 7 =$

(9) $7 \times 5 =$　(10) $6 \times 5 =$

**2** 計算を　しましょう。　1つ3点【30点】

(1) $8 \times 3 =$　(2) $9 \times 7 =$

(3) $9 \times 8 =$　(4) $9 \times 5 =$

(5) $8 \times 4 =$　(6) $8 \times 1 =$

(7) $8 \times 6 =$　(8) $9 \times 9 =$

(9) $8 \times 2 =$　(10) $9 \times 3 =$

**3** 計算を　しましょう。　1つ3点【24点】

(1) $6 \times 1 =$　(2) $7 \times 3 =$

(3) $9 \times 6 =$　(4) $8 \times 9 =$

(5) $8 \times 8 =$　(6) $9 \times 4 =$

(7) $7 \times 7 =$　(8) $6 \times 9 =$

スパイラルコーナー　計算を　しましょう。　1つ4点【16点】

(1) $546 + 26$

(2) $435 + 52$

(3) $664 + 8$

(4) $357 + 19$

# かけ算⑪

学しゅうした日　　月　　日

名前

とく点　　／100点

1266
解説→189ページ

❶ 計算を　しましょう。　1つ3点【30点】

(1) 7×6＝　　(2) 6×8＝

(3) 6×3＝　　(4) 7×1＝

(5) 6×2＝　　(6) 7×4＝

(7) 7×9＝　　(8) 6×7＝

(9) 7×5＝　　(10) 6×5＝

❷ 計算を　しましょう。　1つ3点【30点】

(1) 8×3＝　　(2) 9×7＝

(3) 9×8＝　　(4) 9×5＝

(5) 8×4＝　　(6) 8×1＝

(7) 8×6＝　　(8) 9×9＝

(9) 8×2＝　　(10) 9×3＝

❸ 計算を　しましょう。　1つ3点【24点】

(1) 6×1＝　　(2) 7×3＝

(3) 9×6＝　　(4) 8×9＝

(5) 8×8＝　　(6) 9×4＝

(7) 7×7＝　　(8) 6×9＝

スパイラルコーナー

計算を　しましょう。　1つ4点【16点】

(1)
$$\begin{array}{r} 546 \\ +\ \ 26 \\ \hline \end{array}$$

(2)
$$\begin{array}{r} 435 \\ +\ \ 52 \\ \hline \end{array}$$

(3)
$$\begin{array}{r} 664 \\ +\ \ \ 8 \\ \hline \end{array}$$

(4)
$$\begin{array}{r} 357 \\ +\ \ 19 \\ \hline \end{array}$$

# かけ算⑫

学しゅうした日　月　日

名前

とく点

／100点

1267
解説→189ページ

## ❶ 計算を　しましょう。　1つ3点【30点】

(1) $6\times3=$　(2) $7\times2=$

(3) $7\times6=$　(4) $6\times1=$

(5) $7\times7=$　(6) $6\times8=$

(7) $7\times9=$　(8) $6\times4=$

(9) $6\times5=$　(10) $7\times8=$

## ❷ 計算を　しましょう。　1つ3点【30点】

(1) $9\times6=$　(2) $8\times4=$

(3) $8\times1=$　(4) $8\times5=$

(5) $8\times3=$　(6) $8\times7=$

(7) $9\times9=$　(8) $9\times1=$

(9) $9\times8=$　(10) $9\times2=$

## ❸ 計算を　しましょう。　1つ3点【24点】

(1) $7\times4=$　(2) $9\times5=$

(3) $6\times2=$　(4) $8\times8=$

(5) $9\times3=$　(6) $6\times6=$

(7) $8\times2=$　(8) $7\times3=$

## スパイラルコーナー　計算を　しましょう。　1つ4点【16点】

(1) $\begin{array}{r} 383 \\ -\ 41 \\ \hline \end{array}$　(2) $\begin{array}{r} 896 \\ -\ 58 \\ \hline \end{array}$

(3) $\begin{array}{r} 582 \\ -\ 44 \\ \hline \end{array}$　(4) $\begin{array}{r} 265 \\ -\ 47 \\ \hline \end{array}$

\ もう1回チャレンジ!! /

# かけ算⑫

目ひょう時間 20分

学しゅうした日　月　日

名前

とく点　／100点

1267
解説→189ページ

## ❶ 計算を　しましょう。 1つ3点【30点】

(1) 6×3=　(2) 7×2=

(3) 7×6=　(4) 6×1=

(5) 7×7=　(6) 6×8=

(7) 7×9=　(8) 6×4=

(9) 6×5=　(10) 7×8=

## ❷ 計算を　しましょう。 1つ3点【30点】

(1) 9×6=　(2) 8×4=

(3) 8×1=　(4) 8×5=

(5) 8×3=　(6) 8×7=

(7) 9×9=　(8) 9×1=

(9) 9×8=　(10) 9×2=

## ❸ 計算を　しましょう。 1つ3点【24点】

(1) 7×4=　(2) 9×5=

(3) 6×2=　(4) 8×8=

(5) 9×3=　(6) 6×6=

(7) 8×2=　(8) 7×3=

## スパイラルコーナー 計算を　しましょう。 1つ4点【16点】

(1) $383 - 41$

(2) $896 - 58$

(3) $582 - 44$

(4) $265 - 47$

# かけ算⑬

学しゅうした日　月　日

名前

とく点　／100点

1268
解説→190ページ

## ❶ □に　入る　数を　書きましょう。　1つ3点【27点】

(1)　1×1(一一が)＝□　(2)　1×2(一二が)＝□

(3)　1×3(一三が)＝□　(4)　1×4(一四が)＝□

(5)　1×5(一五が)＝□　(6)　1×6(一六が)＝□

(7)　1×7(一七が)＝□　(8)　1×8(一八が)＝□

(9)　1×9(一九が)＝□

## ❷ 計算を　しましょう。　1つ3点【27点】

(1)　1×1＝　(2)　1×2＝

(3)　1×3＝　(4)　1×4＝

(5)　1×5＝　(6)　1×6＝

(7)　1×7＝　(8)　1×8＝

(9)　1×9＝

## ❸ 計算を　しましょう。　1つ3点【30点】

(1)　1×4＝　(2)　1×8＝

(3)　1×7＝　(4)　1×5＝

(5)　1×3＝　(6)　1×9＝

(7)　1×1＝　(8)　1×2＝

(9)　1×6＝　(10)　1×3＝

## スパイラルコーナー　計算を　しましょう。　1つ4点【16点】

(1)　269 − 56

(2)　757 − 24

(3)　461 − 15

(4)　567 − 19

＼もう１回チャレンジ!! ／

# かけ算⑬

学しゅうした日　月　日

名前

とく点　／100点

1268
解説→190ページ

❶ □に　入る　数を　書きましょう。　1つ3点【27点】

(1)　1×1(一一が)＝□　(2)　1×2(一二が)＝□

(3)　1×3(一三が)＝□　(4)　1×4(一四が)＝□

(5)　1×5(一五が)＝□　(6)　1×6(一六が)＝□

(7)　1×7(一七が)＝□　(8)　1×8(一八が)＝□

(9)　1×9(一九が)＝□

❷ 計算を　しましょう。　1つ3点【27点】

(1)　1×1＝　(2)　1×2＝

(3)　1×3＝　(4)　1×4＝

(5)　1×5＝　(6)　1×6＝

(7)　1×7＝　(8)　1×8＝

(9)　1×9＝

❸ 計算を　しましょう。　1つ3点【30点】

(1)　1×4＝　(2)　1×8＝

(3)　1×7＝　(4)　1×5＝

(5)　1×3＝　(6)　1×9＝

(7)　1×1＝　(8)　1×2＝

(9)　1×6＝　(10)　1×3＝

スパイラルコーナー　計算を　しましょう。　1つ4点【16点】

(1)　$\begin{array}{r} 269 \\ -\ 56 \\ \hline \end{array}$　(2)　$\begin{array}{r} 757 \\ -\ 24 \\ \hline \end{array}$

(3)　$\begin{array}{r} 461 \\ -\ 15 \\ \hline \end{array}$　(4)　$\begin{array}{r} 567 \\ -\ 19 \\ \hline \end{array}$

# かけ算⑭

学しゅうした日　月　日

名前

とく点　／100点

1269
解説→190ページ

**1** 計算を　しましょう。　1つ3点【30点】

(1) 4×9＝　(2) 5×7＝

(3) 5×5＝　(4) 3×7＝

(5) 1×8＝　(6) 4×4＝

(7) 2×9＝　(8) 1×4＝

(9) 3×3＝　(10) 2×4＝

**2** 計算を　しましょう。　1つ3点【30点】

(1) 8×9＝　(2) 8×6＝

(3) 9×7＝　(4) 9×1＝

(5) 7×2＝　(6) 7×5＝

(7) 6×9＝　(8) 9×2＝

(9) 6×6＝　(10) 7×8＝

**3** 計算を　しましょう。　1つ3点【24点】

(1) 2×1＝　(2) 1×5＝

(3) 6×7＝　(4) 5×2＝

(5) 9×4＝　(6) 4×3＝

(7) 3×9＝　(8) 8×8＝

スパイラルコーナー　計算を　しましょう。　1つ4点【16点】

(1)
```
  427
+  58
```

(2)
```
  113
+  82
```

(3)
```
  775
+   7
```

(4)
```
  334
+  29
```

＼もう１回チャレンジ!!／

# かけ算⑭

学しゅうした日　月　日
名前
とく点
／100点

解説→190ページ

## ❶ 計算を　しましょう。　1つ3点【30点】

(1) 4×9＝　(2) 5×7＝
(3) 5×5＝　(4) 3×7＝
(5) 1×8＝　(6) 4×4＝
(7) 2×9＝　(8) 1×4＝
(9) 3×3＝　(10) 2×4＝

## ❷ 計算を　しましょう。　1つ3点【30点】

(1) 8×9＝　(2) 8×6＝
(3) 9×7＝　(4) 9×1＝
(5) 7×2＝　(6) 7×5＝
(7) 6×9＝　(8) 9×2＝
(9) 6×6＝　(10) 7×8＝

## ❸ 計算を　しましょう。　1つ3点【24点】

(1) 2×1＝　(2) 1×5＝
(3) 6×7＝　(4) 5×2＝
(5) 9×4＝　(6) 4×3＝
(7) 3×9＝　(8) 8×8＝

## スパイラルコーナー　計算を　しましょう。　1つ4点【16点】

(1) 427 ＋ 58
(2) 113 ＋ 82
(3) 775 ＋ 7
(4) 334 ＋ 29

# かけ算⑮

学しゅうした日　　月　　日

名前

とく点

／100点

**1** 計算を　しましょう。　1つ3点【30点】

(1) 4×1=　　(2) 1×6=

(3) 1×2=　　(4) 2×7=

(5) 2×6=　　(6) 4×9=

(7) 5×6=　　(8) 3×5=

(9) 3×2=　　(10) 5×3=

**2** 計算を　しましょう。　1つ3点【30点】

(1) 8×8=　　(2) 9×7=

(3) 9×8=　　(4) 7×4=

(5) 6×1=　　(6) 6×9=

(7) 7×1=　　(8) 8×4=

(9) 8×2=　　(10) 6×6=

**3** 計算を　しましょう。　1つ3点【24点】

(1) 4×4=　　(2) 3×8=

(3) 5×1=　　(4) 1×9=

(5) 1×7=　　(6) 2×8=

(7) 2×3=　　(8) 7×8=

スパイラルコーナー　計算を　しましょう。　1つ4点【16点】

(1) $\begin{array}{r} 257 \\ -\ \ 27 \\ \hline \end{array}$　　(2) $\begin{array}{r} 770 \\ -\ \ 53 \\ \hline \end{array}$

(3) $\begin{array}{r} 986 \\ -\ \ 48 \\ \hline \end{array}$　　(4) $\begin{array}{r} 651 \\ -\ \ 45 \\ \hline \end{array}$

＼もう1回チャレンジ!!／

# かけ算⑮

目ひょう時間 20分

学しゅうした日　月　日

名前

とく点

／100点

1270
解説→190ページ

❶ 計算を　しましょう。　1つ3点【30点】

(1) 4×1=　(2) 1×6=

(3) 1×2=　(4) 2×7=

(5) 2×6=　(6) 4×9=

(7) 5×6=　(8) 3×5=

(9) 3×2=　(10) 5×3=

❷ 計算を　しましょう。　1つ3点【30点】

(1) 8×8=　(2) 9×7=

(3) 9×8=　(4) 7×4=

(5) 6×1=　(6) 6×9=

(7) 7×1=　(8) 8×4=

(9) 8×2=　(10) 6×6=

❸ 計算を　しましょう。　1つ3点【24点】

(1) 4×4=　(2) 3×8=

(3) 5×1=　(4) 1×9=

(5) 1×7=　(6) 2×8=

(7) 2×3=　(8) 7×8=

スパイラルコーナー　計算を　しましょう。　1つ4点【16点】

(1) 257 − 27

(2) 770 − 53

(3) 986 − 48

(4) 651 − 45

# かけ算⑯

学しゅうした日　　月　　日

名前

とく点　　／100点

1271
解説→190ページ

**1** 下の　ひょうは　九九の　ひょうです。つぎの　といに　答えましょう。【60点】

かける数（縦：かけられる数）

| | 1 | 2 | 3 | 4 | 5 | 6 | 7 | 8 | 9 | 10 | 11 | 12 |
|---|---|---|---|---|---|---|---|---|---|---|---|---|
| 1 | 1 | 2 | 3 | 4 | 5 | 6 | 7 | 8 | 9 | | | |
| 2 | 2 | 4 | 6 | 8 | 10 | 12 | 14 | 16 | 18 | | | |
| 3 | 3 | 6 | 9 | 12 | 15 | 18 | ㋐ | 24 | 27 | | | |
| 4 | 4 | 8 | 12 | 16 | 20 | 24 | 28 | 32 | 36 | | ㋒ | |
| 5 | 5 | 10 | 15 | 20 | 25 | 30 | 35 | 40 | 45 | | | |
| 6 | 6 | 12 | 18 | 24 | 30 | 36 | 42 | 48 | 54 | | | |
| 7 | 7 | 14 | 21 | 28 | 35 | 42 | 49 | 56 | 63 | | | |
| 8 | 8 | 16 | ㋑ | 32 | 40 | 48 | 56 | 64 | 72 | | | |
| 9 | 9 | 18 | 27 | 36 | 45 | 54 | 63 | 72 | 81 | | | |
| 10 | | | | | | | | | | | | |
| 11 | | | | | | | | | | | | |
| 12 | | | | | | | | ㋓ | | | | |

(1) ㋐、㋑に　入る　数を　書きましょう。（1つ10点）

㋐…□　　㋑…□

(2) 4のだんは　数が　いくつずつ　ふえて　いますか。（10点）（　　　）

(3) ㋒に　入る　数を　書きましょう。（10点）□

(4) 8のだんは　数が　いくつずつ　ふえて　いますか。（10点）（　　　）

(5) ㋓に　入る　数を　書きましょう。（10点）□

**スパイラルコーナー**

**計算を　しましょう。**　1つ10点【40点】

(1)
$$\begin{array}{r} 379 \\ +\ \ \ 3 \\ \hline \end{array}$$

(2)
$$\begin{array}{r} 157 \\ +\ \ 37 \\ \hline \end{array}$$

(3)
$$\begin{array}{r} 244 \\ -\ \ 18 \\ \hline \end{array}$$

(4)
$$\begin{array}{r} 453 \\ -\ \ 46 \\ \hline \end{array}$$

# かけ算⑯

学しゅうした日　月　日

名前

とく点　／100点

1271
解説→190ページ

**1** 下の　ひょうは　九九の　ひょうです。つぎの　といに　答えましょう。【60点】

かける数（横）／かけられる数（縦）

| | 1 | 2 | 3 | 4 | 5 | 6 | 7 | 8 | 9 | 10 | 11 | 12 |
|---|---|---|---|---|---|---|---|---|---|---|---|---|
| 1 | 1 | 2 | 3 | 4 | 5 | 6 | 7 | 8 | 9 | | | |
| 2 | 2 | 4 | 6 | 8 | 10 | 12 | 14 | 16 | 18 | | | |
| 3 | 3 | 6 | 9 | 12 | 15 | 18 | ㋐ | 24 | 27 | | | |
| 4 | 4 | 8 | 12 | 16 | 20 | 24 | 28 | 32 | 36 | | ㋒ | |
| 5 | 5 | 10 | 15 | 20 | 25 | 30 | 35 | 40 | 45 | | | |
| 6 | 6 | 12 | 18 | 24 | 30 | 36 | 42 | 48 | 54 | | | |
| 7 | 7 | 14 | 21 | 28 | 35 | 42 | 49 | 56 | 63 | | | |
| 8 | 8 | 16 | ㋑ | 32 | 40 | 48 | 56 | 64 | 72 | | | |
| 9 | 9 | 18 | 27 | 36 | 45 | 54 | 63 | 72 | 81 | | | |
| 10 | | | | | | | | | | | | |
| 11 | | | | | | | | | | | | |
| 12 | | | | | | | ㋓ | | | | | |

(1)　㋐、㋑に　入る　数を　書きましょう。(1つ10点)

㋐…□　　㋑…□

(2)　4のだんは　数が　いくつずつ　ふえて　いますか。

(10点)（　　　）

(3)　㋒に　入る　数を　書きましょう。(10点)　□

(4)　8のだんは　数が　いくつずつ　ふえて　いますか。

(10点)（　　　）

(5)　㋓に　入る　数を　書きましょう。(10点)

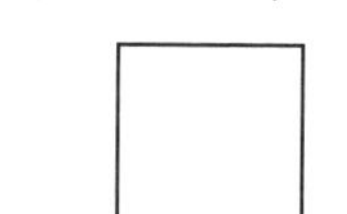

計算を　しましょう。　1つ10点【40点】

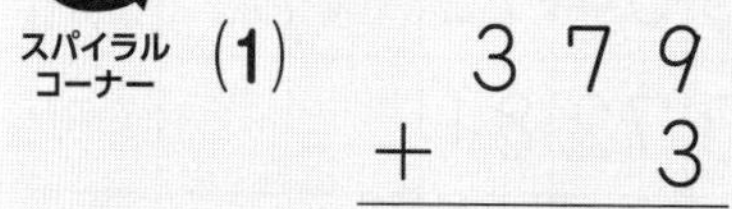

(1)　$379 + 3$

(2)　$157 + 37$

(3)　$244 - 18$

(4)　$453 - 46$

# 72 まとめの　テスト⑪

目ひょう時間

20分

学しゅうした日　　月　　日

名前

とく点

／100点

らくらくマルつけ

1272
解説→191ページ

**1** 計算(けいさん)を　しましょう。　1つ3点【66点】

(1) 2×6＝

(2) 4×5＝

(3) 1×9＝

(4) 9×4＝

(5) 7×5＝

(6) 7×7＝

(7) 6×2＝

(8) 5×9＝

(9) 8×3＝

(10) 8×5＝

(11) 3×1＝

(12) 3×3＝

(13) 9×2＝

(14) 1×1＝

(15) 5×7＝

(16) 6×1＝

(17) 4×7＝

(18) 2×8＝

(19) 4×2＝

(20) 6×4＝

(21) 1×6＝

(22) 5×5＝

**2** 4人ずつ　すわれる　長(なが)いすが　6きゃく　あります。ぜんぶ　つかうと　何人(なんにん)　すわれますか。【ぜんぶできて10点】

(しき)

答(こた)え

**3** 2Lの　お茶(ちゃ)の　ペットボトルが　7本　あります。お茶は　ぜんぶで　何L　ありますか。【ぜんぶできて12点】

(しき)

答え

**4** 高(たか)さ　6cmの　はこを　8こ　つみ上げました。高さは　何cmに　なりましたか。【ぜんぶできて12点】

(しき)

答え

# 72 まとめの　テスト⑪

学しゅうした日　月　日

名前

とく点　／100点

1272
解説→191ページ

❶ 計算(けいさん)を　しましょう。　1つ3点【66点】

(1) 2×6＝　(2) 4×5＝

(3) 1×9＝　(4) 9×4＝

(5) 7×5＝　(6) 7×7＝

(7) 6×2＝　(8) 5×9＝

(9) 8×3＝　(10) 8×5＝

(11) 3×1＝　(12) 3×3＝

(13) 9×2＝　(14) 1×1＝

(15) 5×7＝　(16) 6×1＝

(17) 4×7＝　(18) 2×8＝

(19) 4×2＝　(20) 6×4＝

(21) 1×6＝　(22) 5×5＝

❷ 4人ずつ　すわれる　長(なが)いすが　6きゃく　あります。ぜんぶ　つかうと　何人(なんにん)　すわれますか。【ぜんぶできて10点】

(しき)

答(こた)え

❸ 2Lの　お茶(ちゃ)の　ペットボトルが　7本　あります。お茶は　ぜんぶで　何L　ありますか。【ぜんぶできて12点】

(しき)

答え

❹ 高(たか)さ　6cmの　はこを　8こ　つみ上げました。高さは　何cmに　なりましたか。【ぜんぶできて12点】

(しき)

答え

らくらくマルつけ

# 73 まとめの　テスト⑫

| 学しゅうした日　　月　　日 | とく点 |
|---|---|
| 名前 | ／100点 |

1273
解説→191ページ

**1** 計算を　しましょう。　1つ3点【66点】

(1) 7×4＝　　(2) 6×3＝

(3) 1×2＝　　(4) 9×3＝

(5) 6×7＝　　(6) 7×9＝

(7) 8×8＝　　(8) 3×9＝

(9) 3×2＝　　(10) 5×6＝

(11) 5×3＝　　(12) 2×5＝

(13) 4×1＝　　(14) 1×8＝

(15) 2×4＝　　(16) 8×7＝

(17) 9×6＝　　(18) 4×8＝

(19) 8×6＝　　(20) 5×8＝

(21) 7×2＝　　(22) 9×5＝

**2** ゆうまさんは　まどを　1まい　ふくのに　5分　かかります。まどを　4まい　ふくには　何分　かかりますか。　【ぜんぶできて10点】

(しき)

答え 

**3** 子どもが　7人　います。それぞれ　3まいずつ　カードを　もって　います。カードは　ぜんぶで　何まい　ありますか。　【ぜんぶできて12点】

(しき)

答え 

**4** ゆあさんは　まい月　本を　7さつ　読みます。6か月で　何さつ　読みますか。　【ぜんぶできて12点】

(しき)

答え

＼もう１回チャレンジ!! ／

# 73 まとめの　テスト⑫

目ひょう時間 20分

学しゅうした日　月　日

名前

とく点

／100点

1273
解説→191ページ

**1** 計算（けいさん）を　しましょう。　1つ3点【66点】

(1) 7×4＝　(2) 6×3＝

(3) 1×2＝　(4) 9×3＝

(5) 6×7＝　(6) 7×9＝

(7) 8×8＝　(8) 3×9＝

(9) 3×2＝　(10) 5×6＝

(11) 5×3＝　(12) 2×5＝

(13) 4×1＝　(14) 1×8＝

(15) 2×4＝　(16) 8×7＝

(17) 9×6＝　(18) 4×8＝

(19) 8×6＝　(20) 5×8＝

(21) 7×2＝　(22) 9×5＝

**2** ゆうまさんは　まどを　1まい　ふくのに　5分（ふん）　かかります。まどを　4まい　ふくには　何分（なんぷん）　かかりますか。　【ぜんぶできて10点】

(しき)

答（こた）え

**3** 子どもが　7人　います。それぞれ　3まいずつ　カードを　もって　います。カードは　ぜんぶで　何まい　ありますか。　【ぜんぶできて12点】

(しき)

答え

**4** ゆあさんは　まい月　本を　7さつ　読（よ）みます。6か月で　何さつ　読みますか。　【ぜんぶできて12点】

(しき)

答え

# 長い　長さ（cm、m）①

学しゅうした日　月　日
名前
とく点　／100点

**1** □に　入る　数を　書きましょう。　1つ7点【56点】

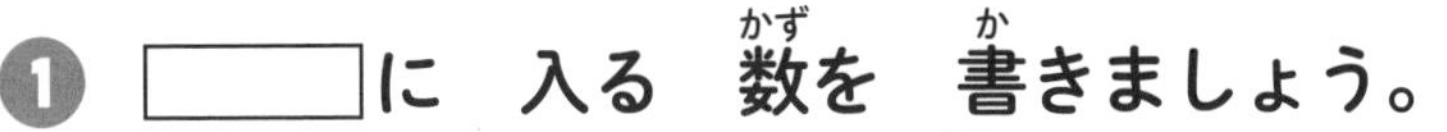

(1) 1mの　ものさし　2つ分と　30cmの　長さは
□m□cmです。

(2) 1mの　ものさし　5つ分と　20cmの　長さは
□m□cmです。

(3) 6m＝□cm

(4) 300cm＝□m

(5) 2m50cm＝□cm

(6) 640cm＝□m□cm

(7) 330cm＝□m□cm

(8) 910cm＝□m□cm

**2** □に　入る　数を　書きましょう。　1つ4点【20点】

(1) 2m40cm＋20cm＝□m□cm

(2) 4m40cm－30cm＝□m□cm

(3) 3m30cm＋1m＝□m□cm

(4) 4m70cm－3m＝□m□cm

(5) 5m40cm＋50cm＝□m□cm

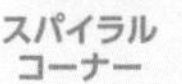


計算を　しましょう。　1つ3点【24点】

(1) 9×1＝　　(2) 7×3＝

(3) 1×4＝　　(4) 4×3＝

(5) 2×2＝　　(6) 8×9＝

(7) 3×6＝　　(8) 5×2＝

# 長い　長さ（cm、m）①

目ひょう時間 20分

学しゅうした日　月　日

名前

とく点　／100点

1274
解説→191ページ

❶ □に　入る　数を　書きましょう。　1つ7点【56点】

(1) 1mの　ものさし　2つ分と　30cmの　長さは
□m□cmです。

(2) 1mの　ものさし　5つ分と　20cmの　長さは
□m□cmです。

(3) 6m＝□cm

(4) 300cm＝□m

(5) 2m50cm＝□cm

(6) 640cm＝□m□cm

(7) 330cm＝□m□cm

(8) 910cm＝□m□cm

❷ □に　入る　数を　書きましょう。　1つ4点【20点】

(1) 2m40cm＋20cm＝□m□cm

(2) 4m40cm－30cm＝□m□cm

(3) 3m30cm＋1m＝□m□cm

(4) 4m70cm－3m＝□m□cm

(5) 5m40cm＋50cm＝□m□cm

スパイラルコーナー
計算を　しましょう。　1つ3点【24点】

(1) 9×1＝　(2) 7×3＝

(3) 1×4＝　(4) 4×3＝

(5) 2×2＝　(6) 8×9＝

(7) 3×6＝　(8) 5×2＝

# 長い（ながい） 長さ（cm、m）②

学しゅうした日　月　日
名前
とく点
／100点

❶ □に　入る　数（かず）を　書（か）きましょう。　1つ6点【54点】

(1) 3m80cm＋10cm＝□m□cm

(2) 1m60cm＋10cm＝□m□cm

(3) 1m20cm＋5m＝□m□cm

(4) 7m40cm＋4m＝□m□cm

(5) 5m50cm－30cm＝□m□cm

(6) 3m70cm－20cm＝□m□cm

(7) 1m90cm－40cm＝□m□cm

(8) 4m90cm－2m＝□m□cm

(9) 3m60cm－50cm＝□m□cm

❷ □に　入る　数を　書きましょう。　1つ6点【30点】

(1) 60cm＋70cm＝□cm＝□m□cm

(2) 50cm＋60cm＝□cm＝□m□cm

(3) 70cm＋30cm＝□cm＝□m

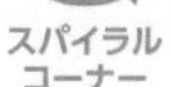

(4) 90cm＋90cm＝□cm＝□m□cm

(5) 80cm＋40cm＝□cm＝□m□cm

スパイラルコーナー
計算（けいさん）を　しましょう。　1つ2点【16点】

(1) 3×7＝　　(2) 2×9＝

(3) 1×1＝　　(4) 8×2＝

(5) 7×1＝　　(6) 6×5＝

(7) 4×5＝　　(8) 9×9＝

# 75 長い　長さ（cm、m）②

目ひょう時間 20分

学しゅうした日　月　日

名前

とく点　／100点

1275 解説→191ページ

## ❶ □に　入る　数を　書きましょう。　1つ6点【54点】

(1) 3m80cm＋10cm＝□m□cm

(2) 1m60cm＋10cm＝□m□cm

(3) 1m20cm＋5m＝□m□cm

(4) 7m40cm＋4m＝□m□cm

(5) 5m50cm－30cm＝□m□cm

(6) 3m70cm－20cm＝□m□cm

(7) 1m90cm－40cm＝□m□cm

(8) 4m90cm－2m＝□m□cm

(9) 3m60cm－50cm＝□m□cm

## ❷ □に　入る　数を　書きましょう。　1つ6点【30点】

(1) 60cm＋70cm＝□cm＝□m□cm

(2) 50cm＋60cm＝□cm＝□m□cm

(3) 70cm＋30cm＝□cm＝□m

(4) 90cm＋90cm＝□cm＝□m□cm

(5) 80cm＋40cm＝□cm＝□m□cm

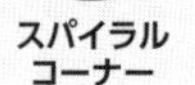

スパイラルコーナー

### 計算を　しましょう。　1つ2点【16点】

(1) 3×7＝　(2) 2×9＝

(3) 1×1＝　(4) 8×2＝

(5) 7×1＝　(6) 6×5＝

(7) 4×5＝　(8) 9×9＝

# 1000より　大きい　数(かず)

学しゅうした日　　月　　日
名前
とく点
／100点

解説→192ページ

**1** □に　入る　数(かず)を　書(か)きましょう。　1つ4点【12点】

(1) 1000を　3こ、100を　2こ、10を　5こ、1を　7こ　あわせた　数は、□です。

(2)「1000と　500と　60と　2を　あわせた　数は、1562です」を　しきに　あらわすと
□＋□＋□＋□＝1562

(3) 3000＋400＋70＋4＝□

**2** □に　入る　数を　書きましょう。　1つ4点【16点】

(1) 5300は、1000を□こ、100を□こ　あわせた　数です。

(2) 1000は、100を□こ　あつめた　数です。

(3) 5300は、100を□こ　あつめた　数です。

(4) 10000は、100を□こ　あつめた　数です。

**3** 計算(けいさん)を　しましょう。　1つ4点【48点】

(1) 400＋500＝　(2) 300＋200＝

(3) 600＋400＝　(4) 600＋600＝

(5) 800＋700＝　(6) 900＋500＝

(7) 500−300＝　(8) 1200−200＝

(9) 1500−200＝　(10) 1500−400＝

(11) 1800−100＝　(12) 1400−200＝

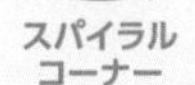


**計算を　しましょう。**　1つ3点【24点】

(1) 3×4＝　(2) 2×1＝

(3) 8×1＝　(4) 6×2＝

(5) 1×7＝　(6) 5×4＝

(7) 1×5＝　(8) 9×8＝

# 1000より　大きい　数（かず）

学しゅうした日　　月　　日

名前

とく点

／100点

1276
解説→192ページ

**❶ □に　入る　数（かず）を　書（か）きましょう。** 1つ4点【12点】

(1) 1000を　3こ、100を　2こ、10を　5こ、1を　7こ　あわせた　数は、□です。

(2) 「1000と　500と　60と　2を　あわせた　数は、1562です」を　しきに　あらわすと

□＋□＋□＋□＝1562

(3) 3000＋400＋70＋4＝□

**❷ □に　入る　数を　書きましょう。** 1つ4点【16点】

(1) 5300は、1000を□こ、100を□こ　あわせた　数です。

(2) 1000は、100を　□こ　あつめた　数です。

(3) 5300は、100を　□こ　あつめた　数です。

(4) 10000は、100を　□こ　あつめた　数です。

**❸ 計算（けいさん）を　しましょう。** 1つ4点【48点】

(1) 400＋500＝　　(2) 300＋200＝

(3) 600＋400＝　　(4) 600＋600＝

(5) 800＋700＝　　(6) 900＋500＝

(7) 500－300＝　　(8) 1200－200＝

(9) 1500－200＝　　(10) 1500－400＝

(11) 1800－100＝　　(12) 1400－200＝

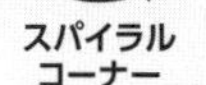


**計算を　しましょう。** 1つ3点【24点】

(1) 3×4＝　　(2) 2×1＝

(3) 8×1＝　　(4) 6×2＝

(5) 1×7＝　　(6) 5×4＝

(7) 1×5＝　　(8) 9×8＝

# 図を　つかって　考える①

目ひょう時間 20分

学しゅうした日　月　日

名前

とく点　／100点

1277 解説→192ページ

❶ はじめに　りんごが　15こ　ありました。そこに何こか　もらったので、ぜんぶで　27こに　なりました。もらった　りんごは　何こですか。【ぜんぶできて18点】

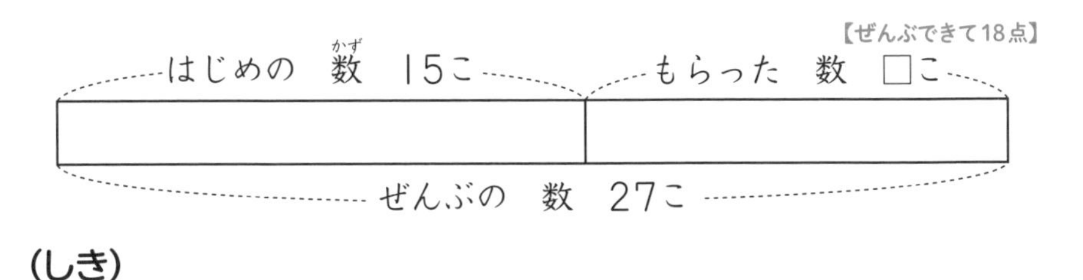


（しき）

答え

❷ はじめに　鳥が　何わか　いました。そこから8わ　とんで　いったので、のこりは　13わに　なりました。はじめに　何わ　いましたか。【ぜんぶできて18点】

はじめの　数　□わ

とんで　いった　数　8わ　　のこりの　数　13わ

（しき）

答え

❸ はじめに　みかんが　11こ　ありました。そこに何こか　もらったので、ぜんぶで　21こに　なりました。図の　①、②に　あてはまる　ことばを　あとから　えらび、記ごうで　書きましょう。また、もらった　みかんは　何こですか。【ぜんぶできて24点】

①…（　　　）　②…（　　　）

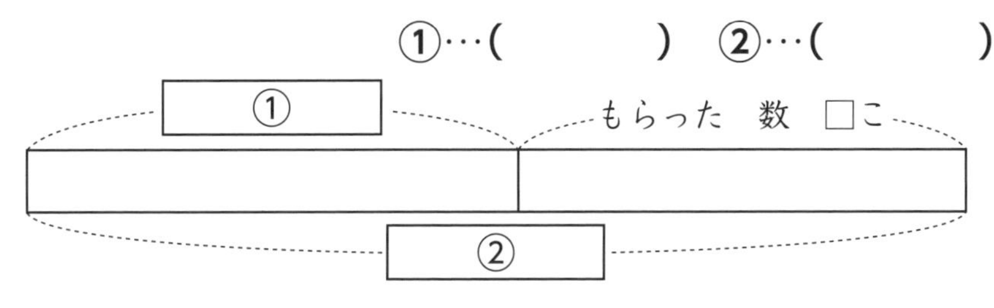


㋐　はじめの　数　11こ

㋑　ぜんぶの　数　21こ

（しき）

答え

計算を　しましょう。　1つ5点【40点】

(1) $6 \times 7 =$　　(2) $5 \times 1 =$

(3) $1 \times 3 =$　　(4) $9 \times 3 =$

(5) $2 \times 2 =$　　(6) $4 \times 2 =$

(7) $8 \times 9 =$　　(8) $4 \times 3 =$

# 図を　つかって　考える①

目ひょう時間 20分

学しゅうした日　　月　　日

名前

とく点　　／100点

1277 解説→192ページ

❶ はじめに　りんごが　15こ　ありました。そこに　何こか　もらったので、ぜんぶで　27こに　なりました。もらった　りんごは　何こですか。

【ぜんぶできて18点】

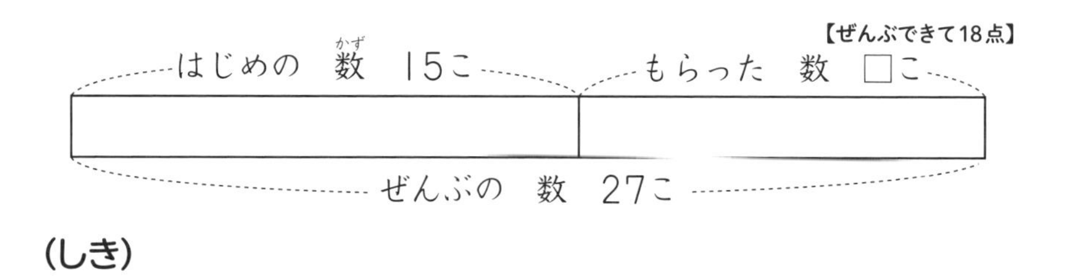


(しき)

答え

❷ はじめに　鳥が　何わか　いました。そこから　8わ　とんで　いったので、のこりは　13わに　なりました。はじめに　何わ　いましたか。【ぜんぶできて18点】

はじめの　数　□わ

とんで　いった　数　8わ　　のこりの　数　13わ

(しき)

答え

❸ はじめに　みかんが　11こ　ありました。そこに　何こか　もらったので、ぜんぶで　21こに　なりました。図の　①、②に　あてはまる　ことばを　あとから　えらび、記ごうで　書きましょう。また、もらった　みかんは　何こですか。【ぜんぶできて24点】

①…(　　　)　②…(　　　)

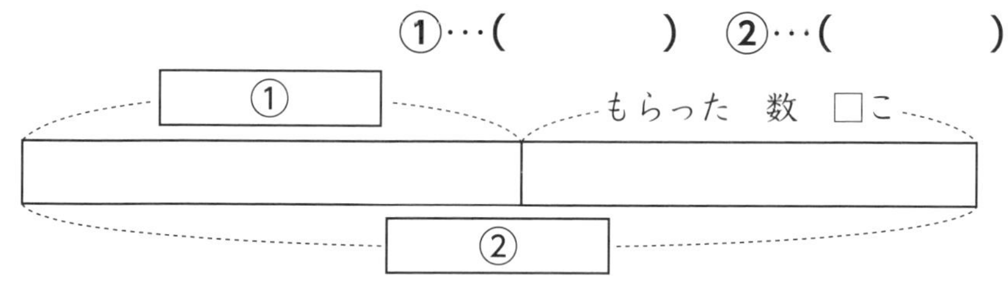


㋐　はじめの　数　11こ

㋑　ぜんぶの　数　21こ

(しき)

答え

スパイラルコーナー

**計算を　しましょう。** 1つ5点【40点】

(1) $6\times7=$　　(2) $5\times1=$

(3) $1\times3=$　　(4) $9\times3=$

(5) $2\times2=$　　(6) $4\times2=$

(7) $8\times9=$　　(8) $4\times3=$

# 図を　つかって　考える②

学しゅうした日　　月　　日

名前

とく点　　／100点

1278
解説→192ページ

❶ はじめに　えんぴつが　何本か　ありました。あとから　10本　もらったので、ぜんぶで　23本に　なりました。はじめに　何本　ありましたか。

【ぜんぶできて18点】

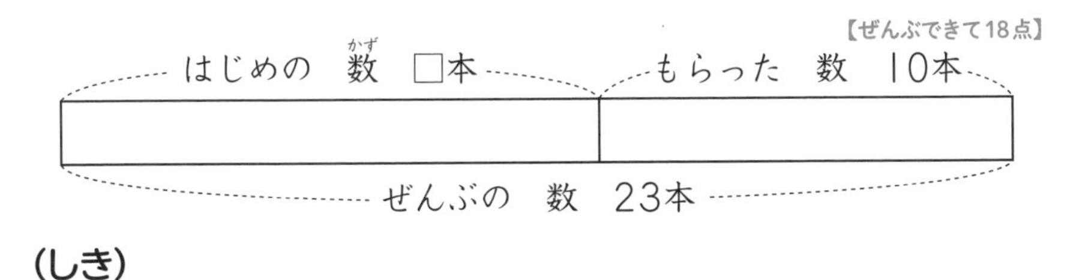


(しき)

答え

❷ はじめに　子どもが　17人　いました。何人か　帰ったので、のこりは　10人に　なりました。何人　帰りましたか。

【ぜんぶできて18点】

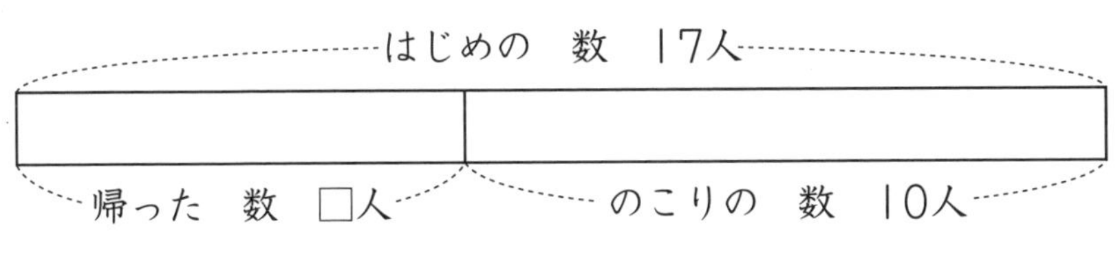


(しき)

答え

❸ バスに　25人　のっていました。えきで　何人か　おりたので、のっている人は　14人に　なりました。図の　①、②に　あてはまる　ことばを　あとから　えらび、記ごうで　書きましょう。また、何人　おりましたか。

【ぜんぶできて24点】

①…(　　　)　②…(　　　)

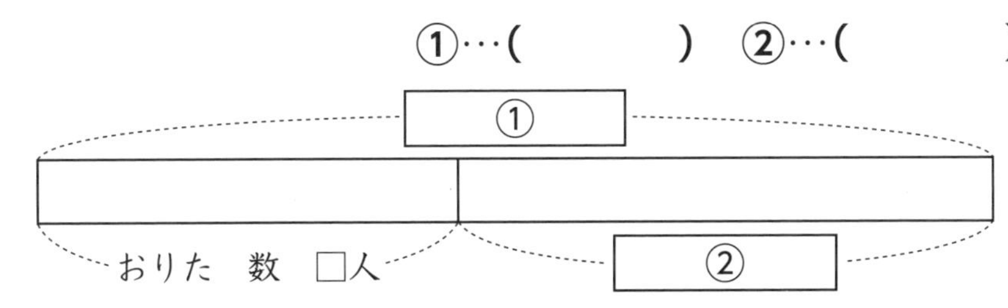


㋐　のこりの　数　14人

㋑　はじめの　数　25人

(しき)

答え

計算を　しましょう。　　1つ5点【40点】

(1)　7×3＝　　(2)　5×7＝

(3)　1×8＝　　(4)　3×5＝

(5)　2×4＝　　(6)　4×9＝

(7)　6×2＝　　(8)　8×6＝

＼もう1回チャレンジ!! ／

# 図(ず)を　つかって　考(かんが)える②

学しゅうした日　　月　　日

名前

とく点

／100点

解説→192ページ

❶ はじめに　えんぴつが　何本(なんぼん)か　ありました。あとから　10本　もらったので、ぜんぶで　23本に　なりました。はじめに　何本　ありましたか。

【ぜんぶできて18点】

はじめの　数(かず)　□本　　もらった　数　10本

ぜんぶの　数　23本

(しき)

答(こた)え

❷ はじめに　子どもが　17人　いました。何人か　帰(かえ)ったので、のこりは　10人に　なりました。何人　帰りましたか。

【ぜんぶできて18点】

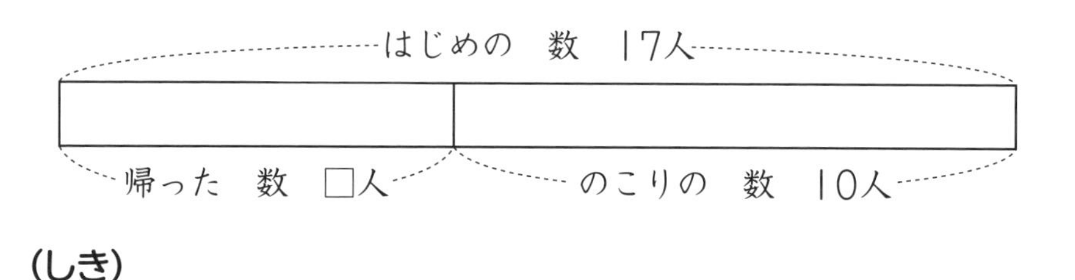


(しき)

答え

❸ バスに　25人　のっていました。えきで　何人か　おりたので、のっている人は　14人に　なりました。図(ず)の　①、②に　あてはまる　ことばを　あとから　えらび、記(き)ごうで　書(か)きましょう。また、何人　おりましたか。

【ぜんぶできて24点】

①…(　　　　)　②…(　　　　)

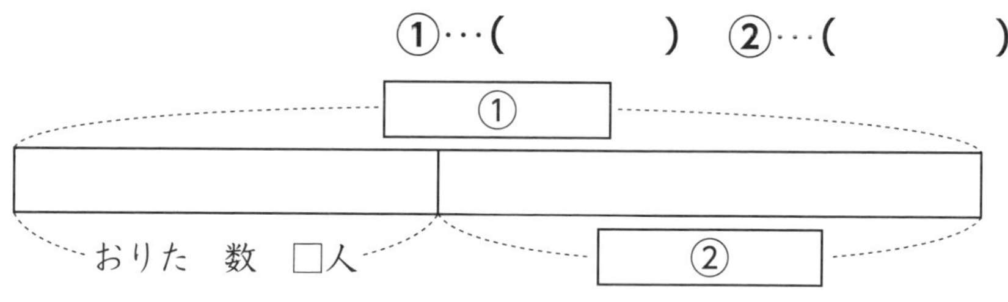


㋐　のこりの　数　14人

㋑　はじめの　数　25人

(しき)

答え

計算(けいさん)を　しましょう。

1つ5点【40点】

(1) 7×3＝　　(2) 5×7＝

(3) 1×8＝　　(4) 3×5＝

(5) 2×4＝　　(6) 4×9＝

(7) 6×2＝　　(8) 8×6＝

# 79 まとめの　テスト⑬

学しゅうした日　　月　　日

名前

とく点

／100点

1279
解説→193ページ

❶ □に　入る　数(かず)を　書(か)きましょう。　1つ4点【16点】

(1) 1m40cm＋20cm＝□m□cm

(2) 3m70cm＋20cm＝□m□cm

(3) 2m50cm－30cm＝□m□cm

(4) 70cm＋80cm＝□cm＝□m□cm

❷ 計算(けいさん)を　しましょう。　1つ3点【36点】

(1) 200＋400＝　　(2) 300＋500＝

(3) 700＋400＝　　(4) 600＋700＝

(5) 900＋300＝　　(6) 800＋600＝

(7) 600－200＝　　(8) 1700－300＝

(9) 1600－500＝　　(10) 1100－100＝

(11) 1800－600＝　　(12) 1900－200＝

❸ 公園(こうえん)に　子どもが　何人(なんにん)か　いました。そこに　8人　やって　きたので、ぜんぶで　22人に　なりました。図(ず)の　①、②に　あてはまる　ことばを　あとから　えらび、記(き)ごうで　書(か)きましょう。また、はじめに　何人　いましたか。　【ぜんぶできて24点】　①…(　　　)　②…(　　　)

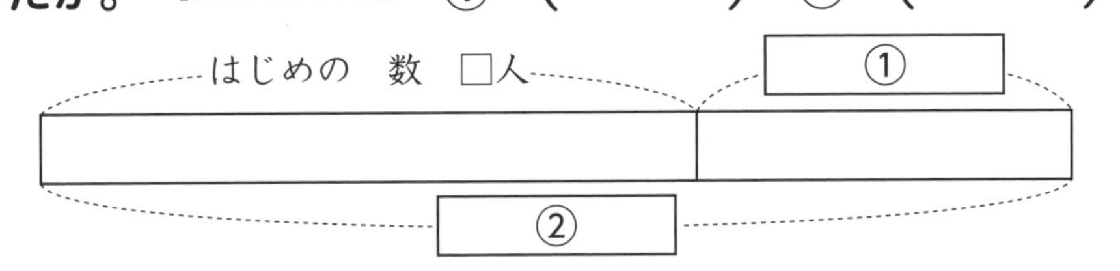


㋐　やってきた　数　8人

㋑　ぜんぶの　数　22人

(しき)

答(こた)え □

❹ 地(じ)めんに　高(たか)さ　70cmの　台(だい)を　おき、その　上に　高さ　50cmの　はこを　おきました。地めんから　はこの　上までの　高さは　何m何cmですか。　【ぜんぶできて24点】

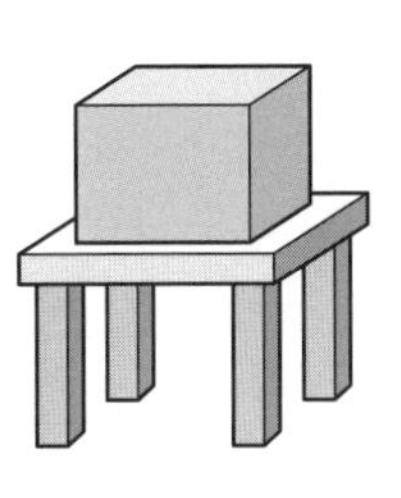

(しき)

答え □

# 79 まとめの　テスト⑬

目ひょう時間 20分

学しゅうした日　月　日
名前
とく点　／100点

解説→193ページ

**❶** □に　入る　数を　書きましょう。　1つ4点【16点】

(1) 1m40cm＋20cm＝□m□cm

(2) 3m70cm＋20cm＝□m□cm

(3) 2m50cm－30cm＝□m□cm

(4) 70cm＋80cm＝□cm＝□m□cm

**❷** 計算を　しましょう。　1つ3点【36点】

(1) 200＋400＝　(2) 300＋500＝

(3) 700＋400＝　(4) 600＋700＝

(5) 900＋300＝　(6) 800＋600＝

(7) 600－200＝　(8) 1700－300＝

(9) 1600－500＝　(10) 1100－100＝

(11) 1800－600＝　(12) 1900－200＝

**❸** 公園に　子どもが　何人か　いました。そこに　8人　やって　きたので、ぜんぶで　22人に　なりました。図の　①、②に　あてはまる　ことばを　あとから　えらび、記ごうで　書きましょう。また、はじめに　何人　いましたか。【ぜんぶできて24点】　①…(　　)　②…(　　)

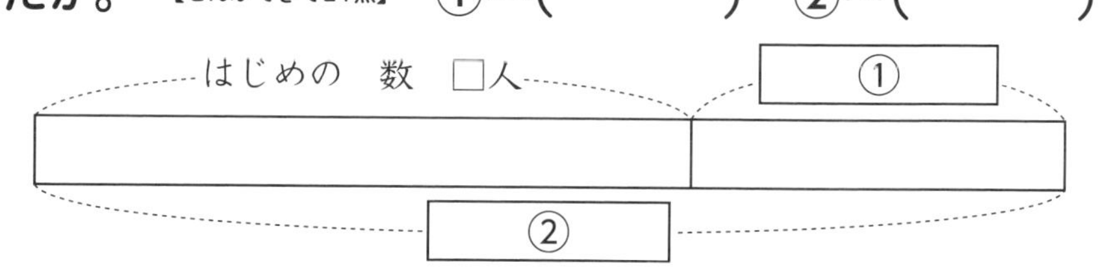


㋐　やってきた　数　8人

㋑　ぜんぶの　数　22人

(しき)

答え □

**❹** 地めんに　高さ　70cmの　台を　おき、その　上に　高さ　50cmの　はこを　おきました。地めんから　はこの　上までの　高さは　何m何cmですか。【ぜんぶできて24点】

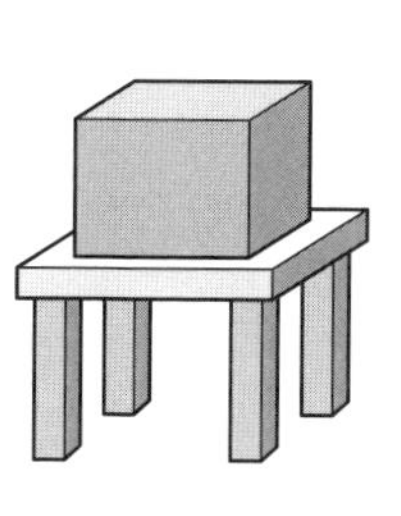

(しき)

答え □

# 80 パズル④

学しゅうした日　月　日

名前

とく点

／100点

1280
解説→193ページ

**1** □に 入る 数を 書きましょう。

1つ10点【70点】

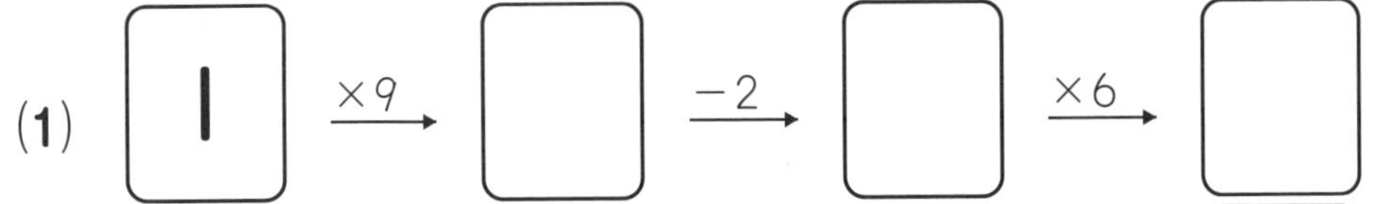

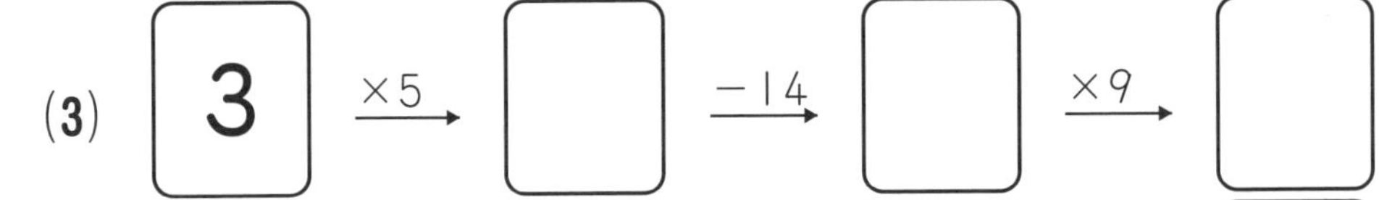

| | | | | | | | |
|---|---|---|---|---|---|---|---|
| (1) | 1 | ×9→ | □ | −2→ | □ | ×6→ | □ |
| (2) | 2 | ×8→ | □ | −8→ | □ | ×1→ | □ |
| (3) | 3 | ×5→ | □ | −14→ | □ | ×9→ | □ |
| (4) | 4 | ×3→ | □ | −8→ | □ | ×4→ | □ |
| (5) | 5 | ×9→ | □ | −40→ | □ | ×7→ | □ |
| (6) | 6 | ×1→ | □ | −3→ | □ | ×2→ | □ |
| (7) | 7 | ×6→ | □ | −34→ | □ | ×3→ | □ |

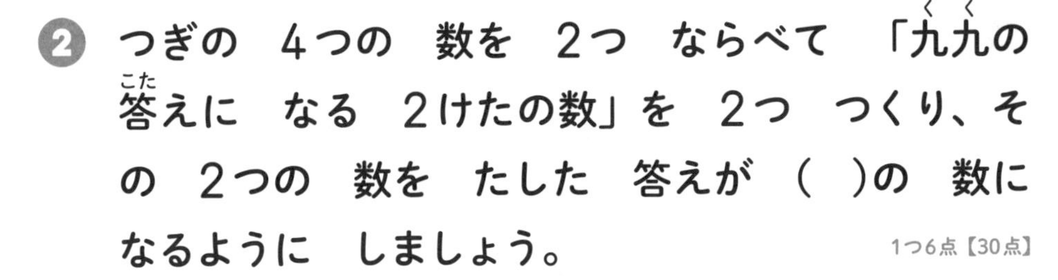

**2** つぎの 4つの 数を 2つ ならべて 「九九の 答えに なる 2けたの数」を 2つ つくり、その 2つの 数を たした 答えが （ ）の 数に なるように しましょう。

1つ6点【30点】

左の □ に 小さい ほうの 数を 書きましょう。

(れい) 1、2、3、4 (46)　14 ＋ 32 ＝46

(1) 1、2、4、5 (39)　□ ＋ □ ＝39

(2) 2、3、4、5 (59)　□ ＋ □ ＝59

(3) 3、4、5、6 (81)　□ ＋ □ ＝81

(4) 2、4、5、6 (98)　□ ＋ □ ＝98

(5) 2、4、5、7 (117)　□ ＋ □ ＝117

# パズル④

学しゅうした日　月　日
名前
とく点　／100点

1280
解説→193ページ

❶ □に 入る 数を 書きましょう。　1つ10点【70点】

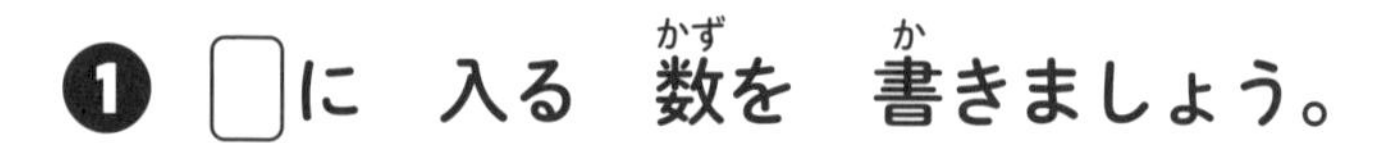

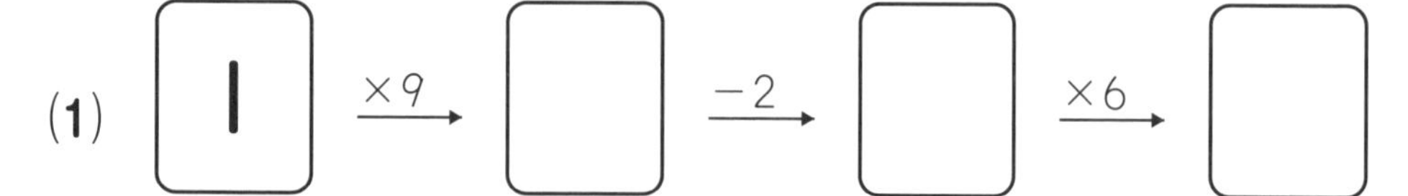
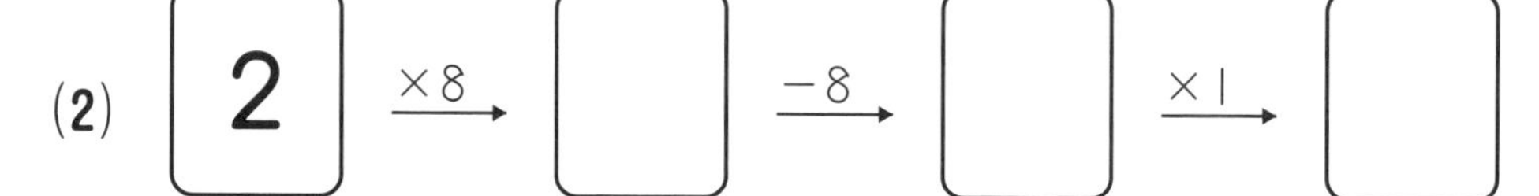

(1) 1 ×9→ □ −2→ □ ×6→ □
(2) 2 ×8→ □ −8→ □ ×1→ □
(3) 3 ×5→ □ −14→ □ ×9→ □
(4) 4 ×3→ □ −8→ □ ×4→ □
(5) 5 ×9→ □ −40→ □ ×7→ □
(6) 6 ×1→ □ −3→ □ ×2→ □
(7) 7 ×6→ □ −34→ □ ×3→ □

❷ つぎの 4つの 数を 2つ ならべて 「九九の 答えに なる 2けたの数」を 2つ つくり、その 2つの 数を たした 答えが ( )の 数に なるように しましょう。　1つ6点【30点】

左の □に 小さい ほうの 数を 書きましょう。

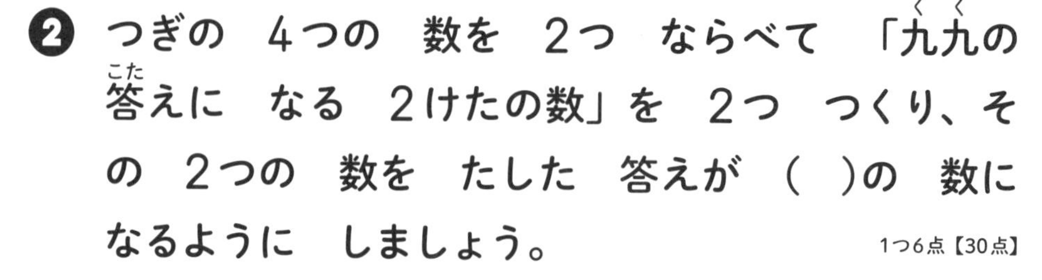

(れい) 1、2、3、4 (46)　14 + 32 =46
(1) 1、2、4、5 (39)　□ + □ =39
(2) 2、3、4、5 (59)　□ + □ =59
(3) 3、4、5、6 (81)　□ + □ =81
(4) 2、4、5、6 (98)　□ + □ =98
(5) 2、4、5、7 (117)　□ + □ =117

# 81 そうふくしゅう＋先どり①

学しゅうした日　月　日
名前
とく点　／100点

1281
解説→193ページ

**1** 計算を　しましょう。　1つ4点【24点】

(1) $85 + 92$

(2) $66 + 49$

(3) $73 + 68$

(4) $52 - 25$

(5) $54 - 17$

(6) $64 - 36$

**2** 計算を　しましょう。　1つ4点【24点】

(1) $704 + 28$

(2) $368 + 25$

(3) $455 + 36$

(4) $253 - 38$

(5) $880 - 59$

(6) $697 - 49$

**3** □に　入る　数を　書きましょう。　1つ7点【28点】

(1) 3cm4mm＋5mm＝□cm□mm

(2) 2cm2mm＋6cm＝□cm□mm

(3) 7cm5mm－5mm＝□cm

(4) 3cm7mm－2cm＝□cm□mm

**4** 計算を　しましょう。　1つ4点【24点】

(1) $460 + 217$

(2) $219 + 116$

(3) $327 + 245$

(4) $673 - 152$

(5) $294 - 136$

(6) $463 - 226$

＼もう１回チャレンジ!! ／

# そうふくしゅう＋先どり①

学しゅうした日　月　日

名前

とく点　／100点

1281
解説→193ページ

## ❶ 計算を　しましょう。　1つ4点【24点】

(1) 85＋92

(2) 66＋49

(3) 73＋68

(4) 52－25

(5) 54－17

(6) 64－36

## ❷ 計算を　しましょう。　1つ4点【24点】

(1) 704＋28

(2) 368＋25

(3) 455＋36

(4) 253－38

(5) 880－59

(6) 697－49

## ❸ □に　入る　数を　書きましょう。　1つ7点【28点】

(1) 3cm4mm＋5mm＝□cm□mm

(2) 2cm2mm＋6cm＝□cm□mm

(3) 7cm5mm－5mm＝□cm

(4) 3cm7mm－2cm＝□cm□mm

## ❹ 計算を　しましょう。　1つ4点【24点】

(1) 460＋217

(2) 219＋116

(3) 327＋245

(4) 673－152

(5) 294－136

(6) 463－226

# そうふくしゅう＋先どり②

目ひょう時間 20分

学しゅうした日　月　日

名前

とく点　／100点

らくらくマルつけ
1282
解説→194ページ

❶ 計算を　しましょう。　1つ4点【32点】

(1) $(2+6)-4=$　(2) $(6+4)-3=$

(3) $3+(4+6)=$　(4) $8-(5-3)=$

(5) $4+(6-3)=$　(6) $9-(7+1)=$

(7) $4+(6-4)=$　(8) $7-(2+2)=$

❷ くふうして　計算しましょう。　1つ4点【40点】

(1) $7+3+6=$　(2) $1+9+4=$

(3) $7+5+5=$　(4) $3+8+2=$

(5) $3+7+9=$　(6) $2+8+5=$

(7) $1+6+4=$　(8) $8+8+2=$

(9) $5+5+6=$　(10) $4+7+3=$

❸ □に　入る　数を　書きましょう。　1つ4点【16点】

(1) 3dL＋4dL＝□dL

(2) 5L＋1L＝□L

(3) 6L8dL－2L3dL＝□L□dL

(4) 7L3dL－4L3dL＝□L

❹ 60×3の　計算を　します。□に　入る　数を　書きましょう。　【ぜんぶできて12点】

60は□を　6こ　あつめた　数です。

6×3＝□なので、60×3は□を18こ　あつめた　数です。

60×3＝□

＼もう1回チャレンジ!!／

# 82 そうふくしゅう＋先どり②

学しゅうした日　　月　　日
名前
とく点　　／100点

1282
解説→194ページ

## ❶ 計算を　しましょう。　1つ4点【32点】

(1) (2＋6)－4＝　　(2) (6＋4)－3＝

(3) 3＋(4＋6)＝　　(4) 8－(5－3)＝

(5) 4＋(6－3)＝　　(6) 9－(7＋1)＝

(7) 4＋(6－4)＝　　(8) 7－(2＋2)＝

## ❷ くふうして　計算しましょう。　1つ4点【40点】

(1) 7＋3＋6＝　　(2) 1＋9＋4＝

(3) 7＋5＋5＝　　(4) 3＋8＋2＝

(5) 3＋7＋9＝　　(6) 2＋8＋5＝

(7) 1＋6＋4＝　　(8) 8＋8＋2＝

(9) 5＋5＋6＝　　(10) 4＋7＋3＝

## ❸ □に　入る　数を　書きましょう。　1つ4点【16点】

(1) 3dL＋4dL＝□dL

(2) 5L＋1L＝□L

(3) 6L8dL－2L3dL＝□L□dL

(4) 7L3dL－4L3dL＝□L

## ❹ 60×3の　計算を　します。□に　入る　数を　書きましょう。　【ぜんぶできて12点】

60は□を　6こ　あつめた　数です。

6×3＝□なので、60×3は□を18こ　あつめた　数です。

60×3＝□

# 83 そうふくしゅう＋先どり③

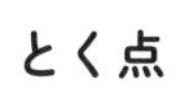

学しゅうした日　月　日

名前

とく点　／100点

1283
解説→194ページ

らくらくマルつけ

**1** 計算を　しましょう。　1つ3点【30点】

(1) $1 \times 3 =$　(2) $2 \times 9 =$

(3) $4 \times 4 =$　(4) $3 \times 6 =$

(5) $5 \times 5 =$　(6) $4 \times 1 =$

(7) $3 \times 7 =$　(8) $5 \times 9 =$

(9) $2 \times 3 =$　(10) $1 \times 6 =$

**2** 計算を　しましょう。　1つ3点【30点】

(1) $8 \times 4 =$　(2) $9 \times 6 =$

(3) $7 \times 4 =$　(4) $8 \times 5 =$

(5) $9 \times 7 =$　(6) $6 \times 6 =$

(7) $6 \times 1 =$　(8) $7 \times 7 =$

(9) $7 \times 5 =$　(10) $6 \times 9 =$

**3** □に　入る　数を　書きましょう。　1つ4点【16点】

(1) 2m30cm＋60cm＝□m□cm

(2) 8m60cm－30cm＝□m□cm

(3) 2m50cm＋6m＝□m□cm

(4) 7m70cm－3m＝□m□cm

**4** □に　入る　数を　書きましょう。　1つ3点【24点】

(1) $5 \times \square = 30$　(2) $4 \times \square = 28$

(3) $\square \times 7 = 28$　(4) $\square \times 1 = 8$

(5) $7 \times \square = 14$　(6) $3 \times \square = 27$

(7) $\square \times 4 = 36$　(8) $\square \times 8 = 16$

＼もう1回チャレンジ!!／

# そうふくしゅう＋先どり③

学しゅうした日　月　日

名前

とく点

／100点

1283
解説→194ページ

**❶** 計算(けいさん)を　しましょう。　1つ3点【30点】

(1) $1\times3=$　(2) $2\times9=$

(3) $4\times4=$　(4) $3\times6=$

(5) $5\times5=$　(6) $4\times1=$

(7) $3\times7=$　(8) $5\times9=$

(9) $2\times3=$　(10) $1\times6=$

**❷** 計算を　しましょう。　1つ3点【30点】

(1) $8\times4=$　(2) $9\times6=$

(3) $7\times4=$　(4) $8\times5=$

(5) $9\times7=$　(6) $6\times6=$

(7) $6\times1=$　(8) $7\times7=$

(9) $7\times5=$　(10) $6\times9=$

**❸** □に　入る　数(かず)を　書(か)きましょう。　1つ4点【16点】

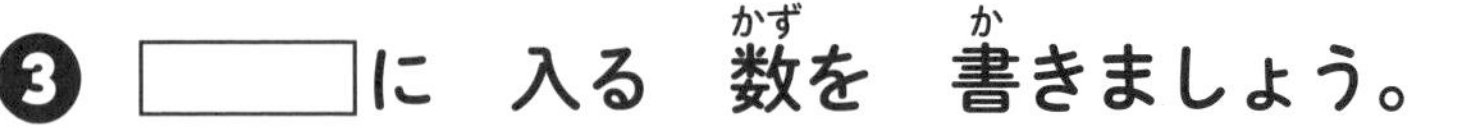

(1) 2m30cm＋60cm＝□m□cm

(2) 8m60cm－30cm＝□m□cm

(3) 2m50cm＋6m＝□m□cm

(4) 7m70cm－3m＝□m□cm

**❹** □に　入る　数を　書きましょう。　1つ3点【24点】

(1) $5\times\square=30$　(2) $4\times\square=28$

(3) $\square\times7=28$　(4) $\square\times1=8$

(5) $7\times\square=14$　(6) $3\times\square=27$

(7) $\square\times4=36$　(8) $\square\times8=16$

計算ギガドリル　小学２年

**わからなかった問題は、ポイントの解説をよく読んで、確認してください。**

## 1 ひっ算① 3ページ

❶ ア…8　イ…5

❷
(1) 24 ＋ 3 ＝ 27　(2) 41 ＋ 5 ＝ 46　(3) 32 ＋ 7 ＝ 39
(4) 73 ＋ 2 ＝ 75　(5) 65 ＋ 4 ＝ 69　(6) 81 ＋ 6 ＝ 87
(7) 92 ＋ 4 ＝ 96　(8) 2 ＋ 27 ＝ 29　(9) 45 ＋ 3 ＝ 48
(10) 6 ＋ 72 ＝ 78　(11) 63 ＋ 1 ＝ 64　(12) 74 ＋ 5 ＝ 79

しき…30＋20＝50　答え…50人

間違えたら、解き直しましょう。

**ポイント**

❶❷たし算の筆算です。このとき、位を縦に揃えて書かせましょう。1けたの数を十の位に書かないようにさせてください。

10のまとまりの数で考えると、3＋2＝5となり、10のまとまりが5個となります。そのため、答えになる数は50です。

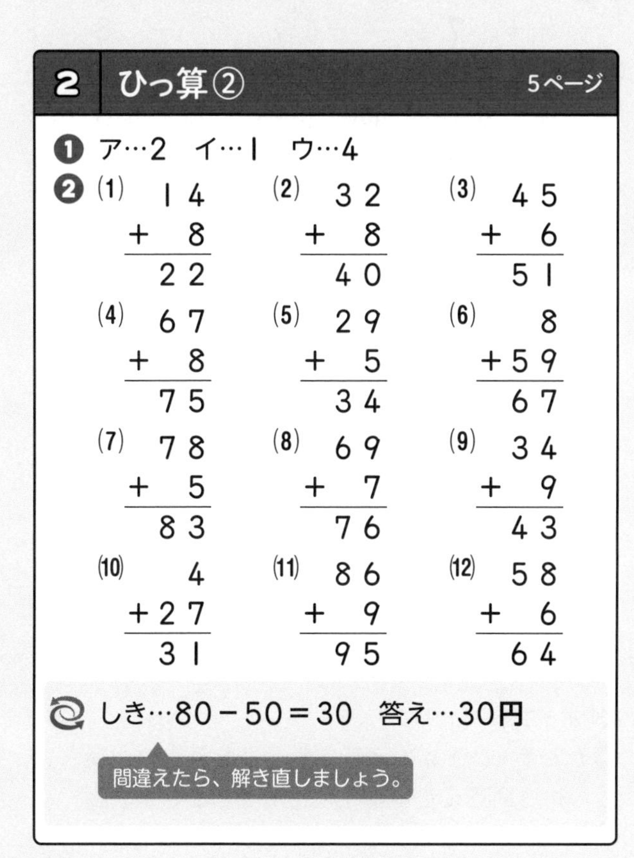

## 2 ひっ算② 5ページ

❶ ア…2　イ…1　ウ…4

❷
(1) 14 ＋ 8 ＝ 22　(2) 32 ＋ 8 ＝ 40　(3) 45 ＋ 6 ＝ 51
(4) 67 ＋ 8 ＝ 75　(5) 29 ＋ 5 ＝ 34　(6) 8 ＋ 59 ＝ 67
(7) 78 ＋ 5 ＝ 83　(8) 69 ＋ 7 ＝ 76　(9) 34 ＋ 9 ＝ 43
(10) 4 ＋ 27 ＝ 31　(11) 86 ＋ 9 ＝ 95　(12) 58 ＋ 6 ＝ 64

しき…80－50＝30　答え…30円

間違えたら、解き直しましょう。

**ポイント**

❶❷繰り上がりのある筆算です。繰り上がりがあるときには、十の位の上に小さく1を書くことを忘れないようにさせましょう。

10のまとまりの数で考えると、8－5＝3となり、10のまとまりが3個となります。そのため、答えになる数は30です。

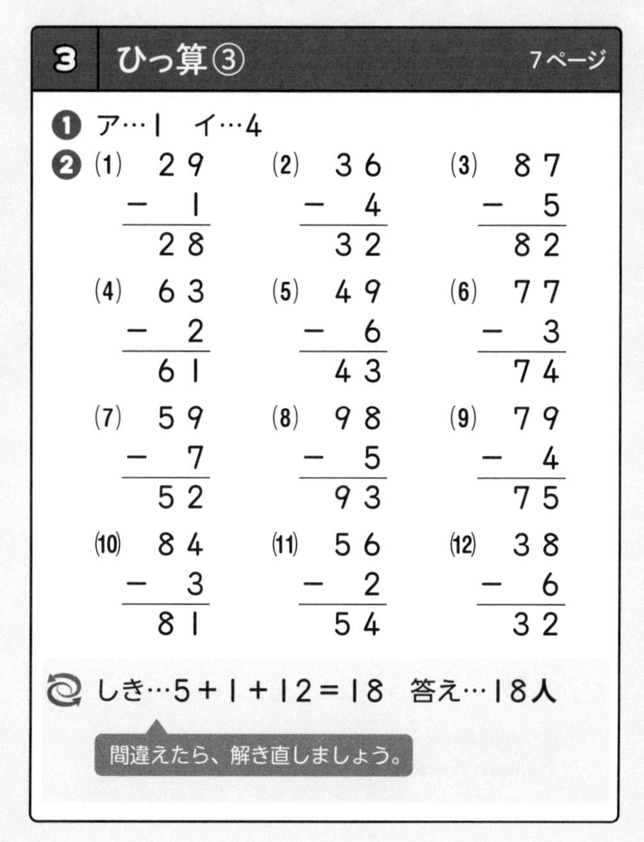

## 3 ひっ算③ 7ページ

❶ ア…1　イ…4

❷
(1) 29 － 1 ＝ 28　(2) 36 － 4 ＝ 32　(3) 87 － 5 ＝ 82
(4) 63 － 2 ＝ 61　(5) 49 － 6 ＝ 43　(6) 77 － 3 ＝ 74
(7) 59 － 7 ＝ 52　(8) 98 － 5 ＝ 93　(9) 79 － 4 ＝ 75
(10) 84 － 3 ＝ 81　(11) 56 － 2 ＝ 54　(12) 38 － 6 ＝ 32

しき…5＋1＋12＝18　答え…18人

間違えたら、解き直しましょう。

**ポイント**

❶❷ひき算の筆算です。このとき、位を縦に揃えて書かせましょう。1けたの数を十の位に書かないようにさせてください。

3つの数のたし算です。左から順に計算させましょう。

## 4 ひっ算④ 9ページ

❶ ア…3 イ…2

❷ (1) 71−6=65 (2) 23−9=14 (3) 94−7=87
(4) 41−3=38 (5) 53−8=45 (6) 82−6=76
(7) 65−7=58 (8) 93−6=87 (9) 34−8=26
(10) 76−9=67 (11) 43−4=39 (12) 81−3=78

しき…27−6＝21 答え…21人

間違えたら、解き直しましょう。

**ポイント**

❶❷繰り下がりのある筆算です。繰り下がりがあるときには、借りてきたけたの数を1つ減らすことに注意させましょう。

繰り下がりのないひき算です。慣れるまでは、筆算で解かせるようにしましょう。

## 5 まとめの テスト❶ 11ページ

❶ (1) 14＋7=21 (2) 28−9=19 (3) 45＋8=53
(4) 81−6=75 (5) 32−3=29 (6) 76＋9=85
(7) 87＋6=93 (8) 59＋5=64 (9) 62−7=55

❷ しき…24−9＝15
ひっ算… 24−9=15 答え…15人

❸ しき…35＋7＝42
ひっ算… 35＋7=42 答え…42こ

**ポイント**

❶たし算・ひき算の筆算です。たし算なのかひき算なのかを間違えないように注意させましょう。

❷減ったあとの数を求めるのでひき算です。

❸増えたあとの数を求めるのでたし算です。

## 6 たし算の ひっ算① 13ページ

❶ ア…9 イ…6

❷ (1) 32＋43=75 (2) 51＋38=89 (3) 46＋52=98
(4) 41＋35=76 (5) 24＋33=57 (6) 62＋23=85
(7) 34＋25=59 (8) 61＋17=78 (9) 28＋61=89
(10) 40＋19=59 (11) 23＋52=75 (12) 14＋72=86

しき…21＋8＝29 答え…29本

間違えたら、解き直しましょう。

**ポイント**

❶❷繰り上がりのない、2けたどうしのたし算です。一の位から順に計算させましょう。

繰り上がりのないたし算です。慣れるまでは、筆算で解かせるようにしましょう。

## 7 たし算の　ひっ算②　15ページ

❶

| | | |
|---|---|---|
| (1) $\begin{array}{r}12\\+43\\\hline 55\end{array}$ | (2) $\begin{array}{r}34\\+64\\\hline 98\end{array}$ | (3) $\begin{array}{r}25\\+54\\\hline 79\end{array}$ |
| (4) $\begin{array}{r}39\\+50\\\hline 89\end{array}$ | (5) $\begin{array}{r}63\\+14\\\hline 77\end{array}$ | (6) $\begin{array}{r}23\\+11\\\hline 34\end{array}$ |
| (7) $\begin{array}{r}41\\+45\\\hline 86\end{array}$ | (8) $\begin{array}{r}32\\+15\\\hline 47\end{array}$ | (9) $\begin{array}{r}36\\+42\\\hline 78\end{array}$ |
| (10) $\begin{array}{r}31\\+27\\\hline 58\end{array}$ | (11) $\begin{array}{r}22\\+35\\\hline 57\end{array}$ | (12) $\begin{array}{r}52\\+33\\\hline 85\end{array}$ |
| (13) $\begin{array}{r}36\\+23\\\hline 59\end{array}$ | (14) $\begin{array}{r}51\\+37\\\hline 88\end{array}$ | (15) $\begin{array}{r}62\\+14\\\hline 76\end{array}$ |

しき…28＋9＝37　答え…37まい

間違えたら、解き直しましょう。

**ポイント**

❶繰り上がりのない、2けたどうしのたし算です。一の位から順に計算させましょう。

増えたあとの数を求めるのでたし算です。繰り上がりに注意させましょう。

## 8 たし算の　ひっ算③　17ページ

❶ ア…5　イ…1　ウ…6

❷

| | | |
|---|---|---|
| (1) $\begin{array}{r}52\\+39\\\hline 91\end{array}$ | (2) $\begin{array}{r}49\\+26\\\hline 75\end{array}$ | (3) $\begin{array}{r}35\\+28\\\hline 63\end{array}$ |
| (4) $\begin{array}{r}27\\+44\\\hline 71\end{array}$ | (5) $\begin{array}{r}38\\+25\\\hline 63\end{array}$ | (6) $\begin{array}{r}34\\+49\\\hline 83\end{array}$ |
| (7) $\begin{array}{r}19\\+48\\\hline 67\end{array}$ | (8) $\begin{array}{r}37\\+45\\\hline 82\end{array}$ | (9) $\begin{array}{r}48\\+24\\\hline 72\end{array}$ |
| (10) $\begin{array}{r}33\\+29\\\hline 62\end{array}$ | (11) $\begin{array}{r}26\\+54\\\hline 80\end{array}$ | (12) $\begin{array}{r}56\\+17\\\hline 73\end{array}$ |

しき…48－5＝43　答え…43もん

間違えたら、解き直しましょう。

**ポイント**

❶❷繰り上がりのある、2けたどうしのたし算です。繰り上がりがあるときには、十の位の上に小さく1を書くことを忘れないようにさせましょう。

残りの数から解いた数を求めるのでひき算です。

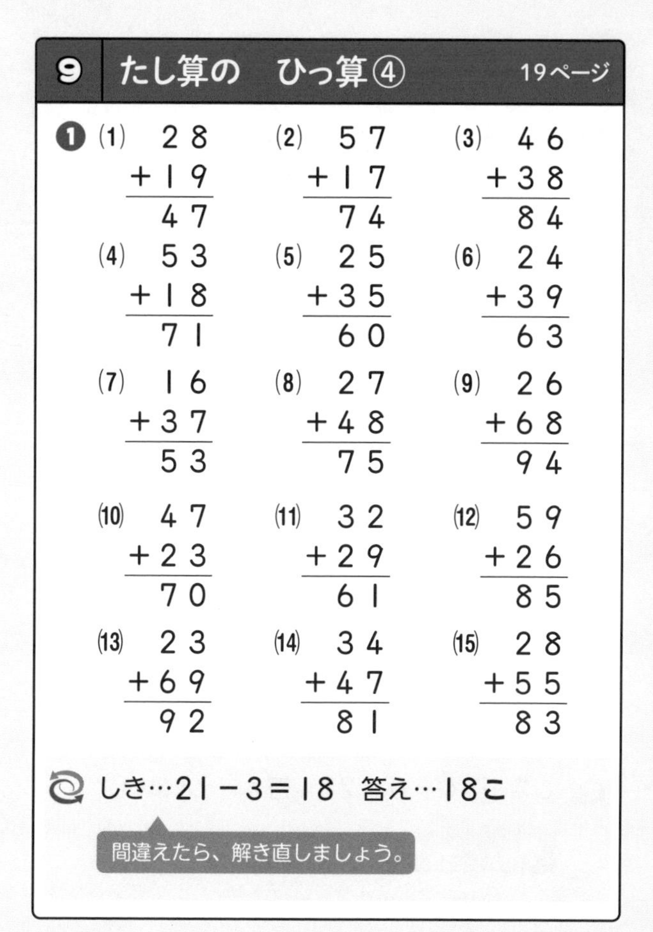

## 9 たし算の　ひっ算④　19ページ

❶

| | | |
|---|---|---|
| (1) $\begin{array}{r}28\\+19\\\hline 47\end{array}$ | (2) $\begin{array}{r}57\\+17\\\hline 74\end{array}$ | (3) $\begin{array}{r}46\\+38\\\hline 84\end{array}$ |
| (4) $\begin{array}{r}53\\+18\\\hline 71\end{array}$ | (5) $\begin{array}{r}25\\+35\\\hline 60\end{array}$ | (6) $\begin{array}{r}24\\+39\\\hline 63\end{array}$ |
| (7) $\begin{array}{r}16\\+37\\\hline 53\end{array}$ | (8) $\begin{array}{r}27\\+48\\\hline 75\end{array}$ | (9) $\begin{array}{r}26\\+68\\\hline 94\end{array}$ |
| (10) $\begin{array}{r}47\\+23\\\hline 70\end{array}$ | (11) $\begin{array}{r}32\\+29\\\hline 61\end{array}$ | (12) $\begin{array}{r}59\\+26\\\hline 85\end{array}$ |
| (13) $\begin{array}{r}23\\+69\\\hline 92\end{array}$ | (14) $\begin{array}{r}34\\+47\\\hline 81\end{array}$ | (15) $\begin{array}{r}28\\+55\\\hline 83\end{array}$ |

しき…21－3＝18　答え…18こ

間違えたら、解き直しましょう。

**ポイント**

❶繰り上がりのある、2けたどうしのたし算です。繰り上がりがあるときには、十の位の上に小さく1を書くことを忘れないようにさせましょう。

減ったあとの数を求めるのでひき算です。繰り下がりに注意させましょう。

## 10 たし算の　ひっ算⑤　21ページ

❶ 38 + 43 = 81 → 43 + 38 = 81

❷ (1) 51 + 24 = 75 → 24 + 51 = 75

(2) 72 + 15 = 87 → 15 + 72 = 87

(3) 27 + 35 = 62 → 35 + 27 = 62

(4) 68 + 29 = 97 → 29 + 68 = 97

しき…34－6＝28　答え…28まい

間違えたら、解き直しましょう。

ポイント

❶❷たし算では、たす数とたされる数を入れかえてたしても、同じ答えになります。これを利用して確かめを行わせましょう。

たりない数からもとの数を求めるのでひき算です。繰り下がりに注意させましょう。

## 11 まとめの　テスト❷　23ページ

❶ (1) 31 + 25 = 56　(2) 37 + 18 = 55　(3) 44 + 53 = 97

(4) 19 + 54 = 73　(5) 51 + 27 = 78　(6) 23 + 68 = 91

(7) 72 + 17 = 89　(8) 28 + 35 = 63　(9) 43 + 39 = 82

❷ しき…17＋22＝39

ひっ算…17 + 22 = 39

答え…39ページ

❸ しき…68＋16＝84

ひっ算…68 + 16 = 84

答え…84本

ポイント

❶2けたどうしのたし算の筆算です。繰り上がりがあるのかないのかの判断ができるようにさせましょう。

❷合わせた数を求めるのでたし算です。つくった式から筆算ができるよう練習させましょう。

❸あまりの数からもとの数を求めるのでたし算です。繰り上がりに注意させましょう。

## 12 ひき算の　ひっ算①　25ページ

❶ ア…2　イ…1

❷ (1) 59 − 28 = 31　(2) 37 − 21 = 16　(3) 75 − 52 = 23

(4) 49 − 34 = 15　(5) 68 − 42 = 26　(6) 93 − 63 = 30

(7) 68 − 35 = 33　(8) 83 − 41 = 42　(9) 79 − 16 = 63

(10) 84 − 50 = 34　(11) 76 − 54 = 22　(12) 98 − 81 = 17

しき…24＋12＝36　答え…36本

間違えたら、解き直しましょう。

ポイント

❶❷繰り下がりのない、2けたどうしのひき算です。一の位から順に計算させてください。

増えたあとの数を求めるのでたし算です。筆算を学習したので、筆算を使って解かせるようにしましょう。

## 13 ひき算の　ひっ算②　27ページ

❶
(1) $\begin{array}{r}74\\-33\\\hline 41\end{array}$　(2) $\begin{array}{r}58\\-25\\\hline 33\end{array}$　(3) $\begin{array}{r}46\\-31\\\hline 15\end{array}$

(4) $\begin{array}{r}58\\-40\\\hline 18\end{array}$　(5) $\begin{array}{r}89\\-79\\\hline 10\end{array}$　(6) $\begin{array}{r}66\\-23\\\hline 43\end{array}$

(7) $\begin{array}{r}51\\-31\\\hline 20\end{array}$　(8) $\begin{array}{r}95\\-24\\\hline 71\end{array}$　(9) $\begin{array}{r}74\\-22\\\hline 52\end{array}$

(10) $\begin{array}{r}54\\-52\\\hline 2\end{array}$　(11) $\begin{array}{r}73\\-23\\\hline 50\end{array}$　(12) $\begin{array}{r}49\\-42\\\hline 7\end{array}$

(13) $\begin{array}{r}69\\-12\\\hline 57\end{array}$　(14) $\begin{array}{r}67\\-37\\\hline 30\end{array}$　(15) $\begin{array}{r}98\\-93\\\hline 5\end{array}$

しき…14+30＝44　答え…44こ

間違えたら、解き直しましょう。

**ポイント**

❶繰り下がりのない、2けたどうしのひき算です。一の位から順に計算させましょう。

合わせた数を求めるのでたし算です。筆算を使わせて、筆算を使って解くことに慣れさせるようにしましょう。

## 14 ひき算の　ひっ算③　29ページ

❶ ア…4　イ…2

❷
(1) $\begin{array}{r}62\\-35\\\hline 27\end{array}$　(2) $\begin{array}{r}73\\-17\\\hline 56\end{array}$　(3) $\begin{array}{r}42\\-29\\\hline 13\end{array}$

(4) $\begin{array}{r}56\\-27\\\hline 29\end{array}$　(5) $\begin{array}{r}70\\-34\\\hline 36\end{array}$　(6) $\begin{array}{r}64\\-48\\\hline 16\end{array}$

(7) $\begin{array}{r}81\\-56\\\hline 25\end{array}$　(8) $\begin{array}{r}74\\-39\\\hline 35\end{array}$　(9) $\begin{array}{r}34\\-16\\\hline 18\end{array}$

(10) $\begin{array}{r}47\\-19\\\hline 28\end{array}$　(11) $\begin{array}{r}87\\-38\\\hline 49\end{array}$　(12) $\begin{array}{r}91\\-57\\\hline 34\end{array}$

しき…28+19＝47　答え…47こ

間違えたら、解き直しましょう。

**ポイント**

❶❷繰り下がりのある、2けたどうしのひき算です。繰り下がりがあるときには、借りてきたけたの数を1つ減らすことに注意させましょう。

合わせた数を求めるのでたし算です。繰り上がりに注意させましょう。

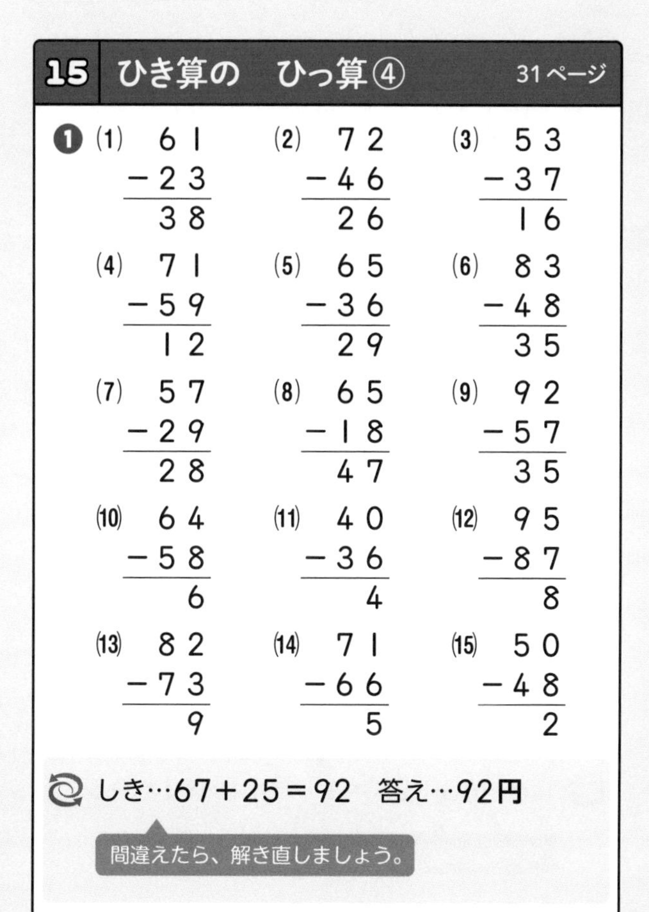

## 15 ひき算の　ひっ算④　31ページ

❶
(1) $\begin{array}{r}61\\-23\\\hline 38\end{array}$　(2) $\begin{array}{r}72\\-46\\\hline 26\end{array}$　(3) $\begin{array}{r}53\\-37\\\hline 16\end{array}$

(4) $\begin{array}{r}71\\-59\\\hline 12\end{array}$　(5) $\begin{array}{r}65\\-36\\\hline 29\end{array}$　(6) $\begin{array}{r}83\\-48\\\hline 35\end{array}$

(7) $\begin{array}{r}57\\-29\\\hline 28\end{array}$　(8) $\begin{array}{r}65\\-18\\\hline 47\end{array}$　(9) $\begin{array}{r}92\\-57\\\hline 35\end{array}$

(10) $\begin{array}{r}64\\-58\\\hline 6\end{array}$　(11) $\begin{array}{r}40\\-36\\\hline 4\end{array}$　(12) $\begin{array}{r}95\\-87\\\hline 8\end{array}$

(13) $\begin{array}{r}82\\-73\\\hline 9\end{array}$　(14) $\begin{array}{r}71\\-66\\\hline 5\end{array}$　(15) $\begin{array}{r}50\\-48\\\hline 2\end{array}$

しき…67+25＝92　答え…92円

間違えたら、解き直しましょう。

**ポイント**

❶繰り下がりのある、2けたどうしのひき算です。繰り下がりがあるときには、借りてきたけたの数を1つ減らすことに注意させましょう。

増えたあとの数を求めるのでたし算です。繰り上がりに注意させましょう。

## 16 ひき算の　ひっ算⑤　33ページ

❶ $\begin{array}{r} 57 \\ -39 \\ \hline 18 \end{array} \rightarrow \begin{array}{r} 18 \\ +39 \\ \hline 57 \end{array}$

❷ (1) $\begin{array}{r} 49 \\ -23 \\ \hline 26 \end{array} \rightarrow \begin{array}{r} 26 \\ +23 \\ \hline 49 \end{array}$

(2) $\begin{array}{r} 67 \\ -53 \\ \hline 14 \end{array} \rightarrow \begin{array}{r} 14 \\ +53 \\ \hline 67 \end{array}$

(3) $\begin{array}{r} 72 \\ -16 \\ \hline 56 \end{array} \rightarrow \begin{array}{r} 56 \\ +16 \\ \hline 72 \end{array}$

(4) $\begin{array}{r} 85 \\ -47 \\ \hline 38 \end{array} \rightarrow \begin{array}{r} 38 \\ +47 \\ \hline 85 \end{array}$

🌀 しき…63＋28＝91　答え…91ページ

間違えたら、解き直しましょう。

**ポイント**

❶❷ひき算では、答えとひく数をたすと、ひかれる数になります。これを利用して確かめを行わせましょう。

🌀合わせた数を求めるのでたし算です。繰り上がりに注意させましょう。

## 17 まとめの　テスト❸　35ページ

❶ (1) $\begin{array}{r} 26 \\ -12 \\ \hline 14 \end{array}$　(2) $\begin{array}{r} 61 \\ -28 \\ \hline 33 \end{array}$　(3) $\begin{array}{r} 47 \\ -27 \\ \hline 20 \end{array}$

(4) $\begin{array}{r} 98 \\ -43 \\ \hline 55 \end{array}$　(5) $\begin{array}{r} 72 \\ -29 \\ \hline 43 \end{array}$　(6) $\begin{array}{r} 54 \\ -38 \\ \hline 16 \end{array}$

(7) $\begin{array}{r} 83 \\ -56 \\ \hline 27 \end{array}$　(8) $\begin{array}{r} 58 \\ -53 \\ \hline 5 \end{array}$　(9) $\begin{array}{r} 76 \\ -67 \\ \hline 9 \end{array}$

❷ しき…36－14＝22

ひっ算… $\begin{array}{r} 36 \\ -14 \\ \hline 22 \end{array}$　答え…22まい

❸ しき…55－29＝26

ひっ算… $\begin{array}{r} 55 \\ -29 \\ \hline 26 \end{array}$　答え…26人

**ポイント**

❶2けたどうしのひき算の筆算です。繰り下がりがあるのかないのかの判断ができるようにさせましょう。

❷減ったあとの数を求めるのでひき算です。つくった式から筆算ができるよう練習させましょう。

❸残りの数を求めるのでひき算です。繰り下がりに注意させましょう。

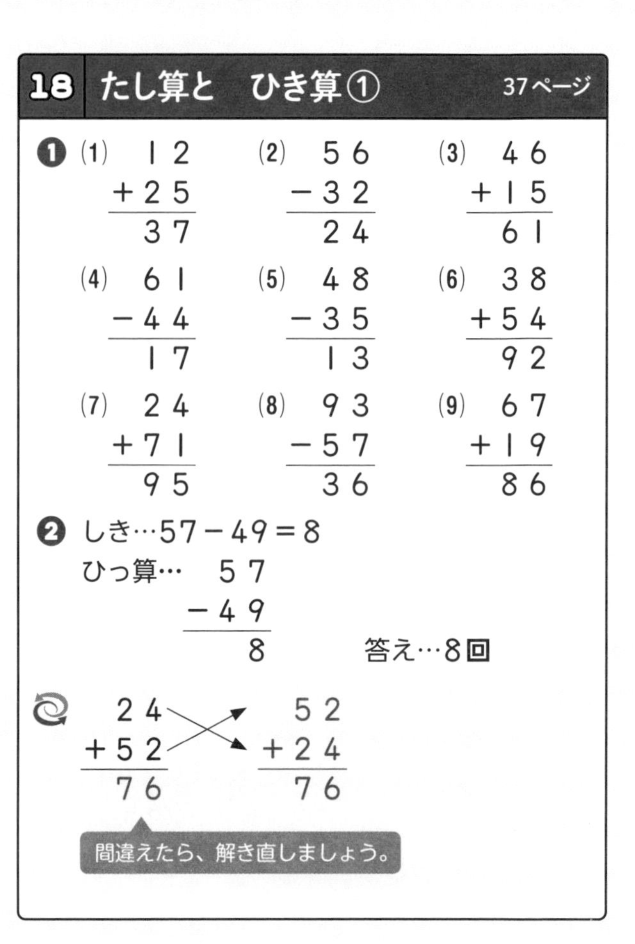

## 18 たし算と　ひき算①　37ページ

❶ (1) $\begin{array}{r} 12 \\ +25 \\ \hline 37 \end{array}$　(2) $\begin{array}{r} 56 \\ -32 \\ \hline 24 \end{array}$　(3) $\begin{array}{r} 46 \\ +15 \\ \hline 61 \end{array}$

(4) $\begin{array}{r} 61 \\ -44 \\ \hline 17 \end{array}$　(5) $\begin{array}{r} 48 \\ -35 \\ \hline 13 \end{array}$　(6) $\begin{array}{r} 38 \\ +54 \\ \hline 92 \end{array}$

(7) $\begin{array}{r} 24 \\ +71 \\ \hline 95 \end{array}$　(8) $\begin{array}{r} 93 \\ -57 \\ \hline 36 \end{array}$　(9) $\begin{array}{r} 67 \\ +19 \\ \hline 86 \end{array}$

❷ しき…57－49＝8

ひっ算… $\begin{array}{r} 57 \\ -49 \\ \hline 8 \end{array}$　答え…8回

🌀 $\begin{array}{r} 24 \\ +52 \\ \hline 76 \end{array} \leftrightarrow \begin{array}{r} 52 \\ +24 \\ \hline 76 \end{array}$

間違えたら、解き直しましょう。

**ポイント**

❶筆算を自分で書いて計算させます。繰り上がり、繰り下がりが1回までの計算です。

❷昨日の回数と今日の回数のちがいなので、ひき算で求めさせましょう。

🌀たされる数とたす数を入れかえてたし算をして、同じ答えになるかどうかを確かめさせましょう。

## 19 たし算と　ひき算② 39ページ

❶
(1) 49 − 25 = 24　(2) 27 + 32 = 59　(3) 53 − 18 = 35
(4) 36 + 28 = 64　(5) 65 − 45 = 20　(6) 41 + 56 = 97
(7) 87 − 72 = 15　(8) 16 + 59 = 75　(9) 92 − 84 = 8

❷ しき…18＋25＝43
ひっ算… 18 ＋ 25 ＝ 43　答え…43人

63 − 29 = 34 → 34 ＋ 29 = 63

間違えたら、解き直しましょう。

### ポイント

❶筆算を自分で書いて計算させます。繰り上がり、繰り下がりが1回までの計算です。
❷大人の人数と子供の人数の合計なので、たし算で求めさせましょう。
答えとひく数をたして、ひかれる数になるかどうかを確かめさせましょう。

## 20 パズル① 41ページ

❶ (1)＋、－
(2)－、＋
(3)＋、＋
(4)－、－

❷
(1) 46 ＋ 32 = 78　(2) 25 ＋ 64 = 89　(3) 50 ＋ 26 = 76
(4) 18 ＋ 29 = 47　(5) 56 ＋ 27 = 83　(6) 34 ＋ 47 = 81
(7) 37 － 16 = 21　(8) 82 － 40 = 42　(9) 57 － 32 = 25
(10) 64 － 25 = 39　(11) 72 － 49 = 23　(12) 95 － 48 = 47

### ポイント

❶おおよその見当をつけて、＋、－を入れ、計算して確かめさせましょう。
❷一の位、十の位に分けて○の数を求めさせましょう。
(1)一の位：○＝8－6＝2
　十の位：○＝7－3＝4
(2)一の位：○＝9－4＝5
　十の位：○＝8－2＝6
(3)一の位：○＝6－6＝0
　十の位：○＝5＋2＝7
(4)一の位：○＝17－8＝9
　十の位：○＝4－2－1＝1
(5)一の位：○＝13－7＝6
　十の位：○＝8－5－1＝2
(6)一の位：○＝11－4＝7
　十の位：○＝3＋4＋1＝8
(7)一の位：○＝6＋1＝7
　十の位：○＝3－2＝1
(8)一の位：○＝2－2＝0
　十の位：○＝4＋4＝8
(9)一の位：○＝2＋5＝7
　十の位：○＝5－3＝2
(10)一の位：○＝14－9＝5
　十の位：○＝3＋2＋1＝6
(11)一の位：9＋3＝12なので○＝2
　十の位：○＝7－1－2＝4
(12)一の位：○＝15－7＝8
　十の位：○＝9－1－4＝4

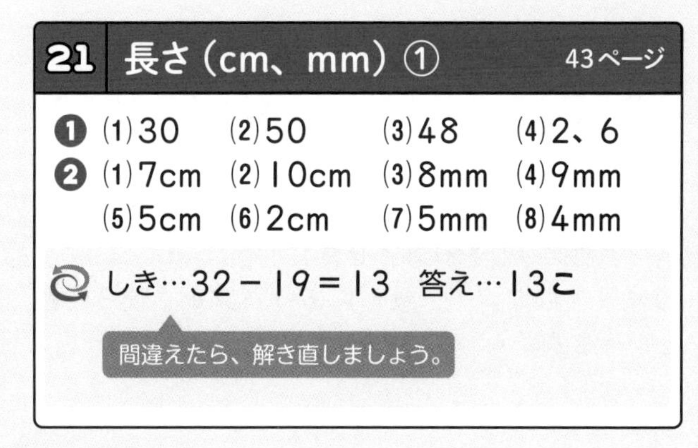

## 21 長さ（cm、mm）① 43ページ

❶ (1)30　(2)50　(3)48　(4)2、6
❷ (1)7cm　(2)10cm　(3)8mm　(4)9mm
(5)5cm　(6)2cm　(7)5mm　(8)4mm

しき…32－19＝13　答え…13こ

間違えたら、解き直しましょう。

### ポイント

❶長さの単位換算の問題です。1cm＝10mmをもとに考えさせましょう。
(2)5cmは、1cmが5個、つまり10mmが5個です。
(3)4cm＝40mmなので4cm8mmは48mmです。
(4)26mmを20mmと6mmに分けます。20mm＝2cmなので26mmは2cm6mmです。
❷同じ単位の数どうしを計算させましょう。
赤いおはじきと青いおはじきのちがいを求めるので、ひき算になります。

## 22 長さ（cm、mm）② 45ページ

❶ (1)3cm7mm (2)5cm6mm
(3)5cm6mm (4)9cm3mm
(5)9cm2mm (6)4cm
(7)2cm7mm (8)4cm5mm

❷ (1)しき…8cm9mm＋7cm＝15cm9mm
答え…15cm9mm
(2)しき…8cm9mm－7cm＝1cm9mm
答え…1cm9mm

しき…60－24＝36 答え…36まい

間違えたら、解き直しましょう。

**ポイント**

❶同じ単位の数どうしを計算させましょう。
❷(1)合わせた長さなので、たし算になります。同じ単位の数どうしを計算させましょう。
(2)長さのちがいなので、ひき算になります。同じ単位の数どうしを計算させましょう。
残りの数なので、最初にあった数から使った数をひきます。

## 23 まとめの テスト❹ 47ページ

❶ (1)47 (2)5、3
❷ (1)10cm (2)2mm
(3)8cm3mm (4)4cm6mm
(5)8cm1mm (6)9mm
❸ (1)しき…4cm2mm＋5cm6mm＝9cm8mm
答え…9cm8mm
(2)しき…9cm8mm－7cm＝2cm8mm
答え…2cm8mm

**ポイント**

❶長さの単位換算の問題です。1cm＝10mmをもとに考えさせましょう。
❷同じ単位の数どうしを計算させましょう。
❸(1)長さのたし算です。同じ単位の数どうしを計算させましょう。
(2) (1)で求めた長さとアからウまでの長さのちがいなので、ひき算になります。

## 24 100より 大きい 数① 49ページ

❶ (1)400 (2)647
(3)802 (4)1000
(5)500 (6)699
(7)1000
❷ (1)(上から順に)2、9、4
(2)(上から順に)7、0、3

(1)5cm (2)2cm (3)6mm (4)9mm

間違えたら、解き直しましょう。

**ポイント**

❶(1)～(3)3けたの数のしくみを理解できているか確認させます。数字だけで、「100、10、1がそれぞれいくつあるか」の考え方ができるようにさせましょう。
(4)3けたの数を、10をもとにした数の見方を応用して考えさせます。慣れないうちは、10円玉など、具体物を使ったほうが理解させやすいでしょう。1年生の学習「10が10個で100」を復習させておくと、学習がスムーズに始められます。
(5)数の直線で499より1右にある数です。
(6)数の直線で700より1左にある数です。
(7)数の直線で999より1右にある数です。
❷慣れないうちは、右のような表を使って確認させるとよいでしょう。

| 百の位 | 十の位 | 一の位 |
|---|---|---|
| | | |

同じ単位の数どうしを計算させましょう。

## 25 100より 大きい 数② 51ページ

❶ (1)(上から順に)7、6、13、130
(2)(上から順に)14、9、5、50
❷ (1)110 (2)150
(3)130 (4)120
(5)160 (6)150
(7)110 (8)170
(9)90 (10)60
(11)70 (12)50
(13)90 (14)30
(15)80 (16)70

(1)7cm2mm (2)6cm1mm

間違えたら、解き直しましょう。

🔈 ポイント

❶10のまとまりがいくつ分の考え方で計算させましょう。

❷10のまとまりがいくつ分の考え方で計算させましょう。

(1)5＋6＝11なので、10の11個分です。
(2)8＋7＝15なので、10の15個分です。
(3)9＋4＝13なので、10の13個分です。
(4)3＋9＝12なので、10の12個分です。
(5)8＋8＝16なので、10の16個分です。
(6)9＋6＝15なので、10の15個分です。
(7)4＋7＝11なので、10の11個分です。
(8)8＋9＝17なので、10の17個分です。
(9)11－2＝9なので、10の9個分です。
(10)14－8＝6なので、10の6個分です。
(11)12－5＝7なので、10の7個分です。
(12)13－8＝5なので、10の5個分です。
(13)16－7＝9なので、10の9個分です。
(14)11－8＝3なので、10の3個分です。
(15)15－7＝8なので、10の8個分です。
(16)16－9＝7なので、10の7個分です。

同じ単位の数どうしを計算させましょう。

## 26 100より 大きい 数③ 53ページ

❶ (1)(上から順に)5、3、8、800
(2)(上から順に)7、4、3、300

❷ (1)600 (2)700 (3)900 (4)700
(5)900 (6)900 (7)700 (8)1000
(9)200 (10)300 (11)400 (12)300
(13)200 (14)400 (15)600 (16)400

しき…9cm5mm－6cm＝3cm5mm
答え…3cm5mm

間違えたら、解き直しましょう。

🔈 ポイント

❶100のまとまりがいくつ分の考え方で計算させましょう。

❷100のまとまりがいくつ分の考え方で計算させましょう。

(1)2＋4＝6なので、100の6こ分です。
(2)1＋6＝7なので、100の7こ分です。
(3)7＋2＝9なので、100の9こ分です。
(4)4＋3＝7なので、100の7こ分です。
(5)5＋4＝9なので、100の9こ分です。
(6)6＋3＝9なので、100の9こ分です。
(7)2＋5＝7なので、100の7こ分です。
(8)3＋7＝10なので、100の10こ分です。
(9)3－1＝2なので、100の2こ分です。
(10)5－2＝3なので、100の3こ分です。
(11)7－3＝4なので、100の4こ分です。
(12)4－1＝3なので、100の3こ分です。
(13)8－6＝2なので、100の2こ分です。
(14)6－2＝4なので、100の4こ分です。
(15)9－3＝6なので、100の6こ分です。
(16)10－6＝4なので、100の4こ分です。

切り取った残りの長さを求めるので、ひき算になります。同じ単位の数どうしを計算させましょう。

## 27 まとめの テスト❺ 55ページ

❶ (1)110 (2)30 (3)60 (4)140
(5)120 (6)60 (7)60 (8)110
(9)180 (10)70 (11)120 (12)90
(13)800 (14)200 (15)500 (16)600
(17)500 (18)1000

❷ しき…90＋70＝160 答え…160ページ

❸ しき…120－30＝90 答え…90円

❹ しき…500－300＝200 答え…200円

🔈 ポイント

❶10や100のまとまりがいくつ分の考え方で計算させましょう。

(1)8＋3＝11なので、10の11こ分です。
(2)12－9＝3なので、10の3こ分です。
(3)13－7＝6なので、10の6こ分です。
(4)9＋5＝14なので、10の14こ分です。
(5)6＋6＝12なので、10の12こ分です。
(6)11－5＝6なので、10の6こ分です。
(7)15－9＝6なので、10の6こ分です。
(8)2＋9＝11なので、10の11こ分です。
(9)9＋9＝18なので、10の18こ分です。
(10)14－7＝7なので、10の7こ分です。
(11)4＋8＝12なので、10の12こ分です。
(12)17－8＝9なので、10の9こ分です。
(13)6＋2＝8なので、100の8こ分です。
(14)6－4＝2なので、100の2こ分です。
(15)7－2＝5なので、100の5こ分です。
(16)3＋3＝6なので、100の6こ分です。
(17)9－4＝5なので、100の5こ分です。
(18)5＋5＝10なので、100の10こ分です。

❷読んだページと残りのページを合わせるので、たし算です。
❸値引きを考えるので、ひき算です。
❹もっていたお金とクッキーの代金とのちがいなので、ひき算です。

## 28 水の　かさ①　57ページ

❶ (1)40　(2)70
(3)28　(4)3、5

❷ (1)8L　(2)15L
(3)6dL　(4)1L
(5)1L4dL　(6)2L
(7)7L　(8)5dL
(9)3dL　(10)8dL

(1)110　(2)130
(3)90　(4)40

間違えたら、解き直しましょう。

**ポイント**

❶かさの単位換算の問題です。1L＝10dLです。
❷かさの計算をさせます。同じ単位の数どうしを計算させましょう。10dL＝1Lです。
10のまとまりがいくつ分の考え方で計算させましょう。
(1)3＋8＝11なので、10の11こ分です。
(2)7＋6＝13なので、10の13こ分です。
(3)15－6＝9なので、10の9こ分です。
(4)13－9＝4なので、10の4こ分です。

## 29 水の　かさ②　59ページ

❶ (1)300　(2)5
(3)180　(4)3、50

❷ (1)7L2dL　(2)9L5dL
(3)8L9dL　(4)3L8dL
(5)9L6dL　(6)3L4dL
(7)7L1dL　(8)4L2dL
(9)4L　(10)4dL

(1)900　(2)200

間違えたら、解き直しましょう。

**ポイント**

❶かさの単位換算の問題です。1L＝10dL、1dL＝100mL、1L＝1000mLの基本的な関係をしっかり覚えさせましょう。
❷かさの計算をさせます。同じ単位の数どうしを計算させましょう。
100のまとまりがいくつ分の考え方で計算させましょう。
(1)8＋1＝9なので、100の9こ分です。
(2)10－8＝2なので、100の2こ分です。

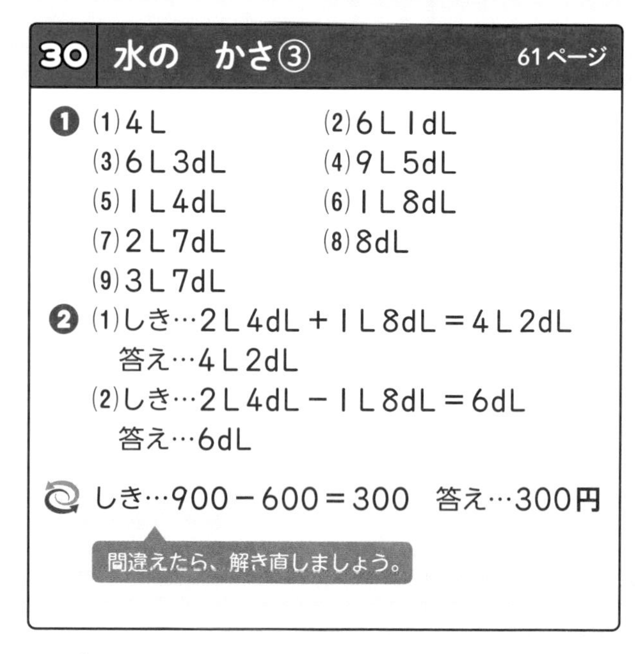

## 30 水の　かさ③　61ページ

❶ (1)4L　(2)6L1dL
(3)6L3dL　(4)9L5dL
(5)1L4dL　(6)1L8dL
(7)2L7dL　(8)8dL
(9)3L7dL

❷ (1)しき…2L4dL＋1L8dL＝4L2dL
答え…4L2dL
(2)しき…2L4dL－1L8dL＝6dL
答え…6dL

しき…900－600＝300　答え…300円

間違えたら、解き直しましょう。

**ポイント**

❶かさの計算をさせます。同じ単位の数どうしを計算させましょう。10dL＝1Lです。
❷(1)合わせた量なので、たし算です。
(2)ちがいなので、ひき算です。
持っているお金と使ったお金のちがいが残りのお金なので、ひき算です。

## 31 まとめの　テスト⑥　63ページ

❶ (1)84　(2)6、7

❷ (1)8L9dL　(2)2L7dL
(3)5L7dL　(4)3L2dL
(5)6L4dL　(6)4L3dL

❸ しき…14L＋5L＝19L　答え…19L

❹ しき…3L－2dL＝2L8dL
答え…2L8dL

❺ しき…1L8dL＋2L2dL＝4L
答え…4L

ポイント

❶かさの単位換算の問題です。1L＝10dL、1dL＝100mL、1L＝1000mLです。
❷かさの計算をします。同じ単位の数どうしを計算させましょう。10dL＝1Lです。
❸全部の量を求めるので、たし算です。
❹残りの量を求めるので、ひき算です。
❺合わせた量を求めるので、たし算です。

## 32 計算の　くふう①　65ページ

❶ (1)(上から順に)32、36
(2)(上から順に)35、28
❷ アとエ、イとウ
❸ (1)5　(2)2　(3)17
(4)10　(5)14　(6)7

(1)10L　(2)2L　(3)9dL　(4)6dL

間違えたら、解き直しましょう。

ポイント

❶( )のある式は、( )の中を先に計算させましょう。
❷ア…14－(8＋2)＝14－10＝4
イ…14－8＋2＝6＋2＝8
ウ…14－(8－2)＝14－6＝8
エ…14－8－2＝6－2＝4
❸(1)(4＋6)－5＝10－5＝5
(2)(5＋3)－6＝8－6＝2
(3)8＋(4＋5)＝8＋9＝17
(4)12－(7－5)＝12－2＝10
(5)9＋(8－3)＝9＋5＝14
(6)15－(6＋2)＝15－8＝7
同じ単位の数どうしを計算させましょう。

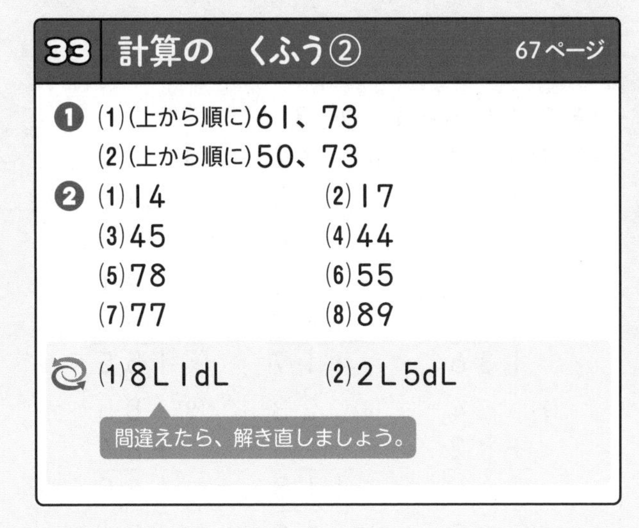

## 33 計算の　くふう②　67ページ

❶ (1)(上から順に)61、73
(2)(上から順に)50、73
❷ (1)14　(2)17
(3)45　(4)44
(5)78　(6)55
(7)77　(8)89

(1)8L1dL　(2)2L5dL

間違えたら、解き直しましょう。

ポイント

❶計算の順序を工夫して、計算が簡単になるようにさせましょう。
❷一の位の数が0になる計算を先にするようにさせましょう。
(1)4＋9＋1＝4＋(9＋1)＝4＋10＝14
(2)7＋8＋2＝7＋(8＋2)＝7＋10＝17
(3)18＋12＋15＝(18＋12)＋15＝30＋15＝45
(4)14＋7＋23＝14＋(7＋23)＝14＋30＝44
(5)13＋27＋38＝(13＋27)＋38＝40＋38＝78
(6)15＋28＋12＝15＋(28＋12)＝15＋40＝55
(7)37＋24＋16＝37＋(24＋16)＝37＋40＝77
(8)29＋35＋25＝29＋(35＋25)＝29＋60＝89
同じ単位の数どうしを計算させましょう。

## 34 まとめの　テスト⑦　69ページ

❶ (1)21　(2)5
(3)15　(4)46
❷ (1)19　(2)38
(3)75　(4)87
❸ しき…13＋6＋14＝33　答え…33人
❹ しき…16＋18＋22＝56　答え…56回

ポイント

❶( )のある式は、( )の中を先に計算させましょう。
(1)8＋(7＋6)＝8＋13＝21
(2)12－(4＋3)＝12－7＝5
(3)23－(14－6)＝23－8＝15
(4)39＋(15－8)＝39＋7＝46
❷一の位の数が0になる計算を先にするようにさせましょう。
(1)9＋6＋4＝9＋(6＋4)＝9＋10＝19
(2)8＋17＋13＝8＋(17＋13)＝8＋30＝38
(3)35＋19＋21＝35＋(19＋21)＝35＋40＝75
(4)27＋28＋32＝27＋(28＋32)＝27＋60＝87
❸公園にいる人数の合計なので、たし算です。一の位の数が0になる計算を先にするようにさせましょう。
13＋(6＋14)＝13＋20＝33
❹全部の合計なので、たし算です。一の位の数が0になる計算を先にするようにさせましょう。
16＋18＋22＝16＋(18＋22)＝16＋40＝56

## 35 パズル②　71ページ

❶

| 7 | 14 | 9 |
|---|---|---|
| ①12 | ②10 | ③8 |
| 11 | ④6 | ⑤13 |

❷

| 13 | 3 | 2 | 16 |
|---|---|---|---|
| ①7 | 9 | ②6 | 12 |
| 10 | ③8 | ④11 | ⑤5 |
| 4 | ⑥14 | 15 | ⑦1 |

**ポイント**

❶3つの数の合計は7＋14＋9＝30
①30－7－11＝12
②30－9－11＝10
③30－12－10＝8
④30－14－10＝6
⑤30－9－8＝13
❷4つの数の合計は13＋3＋2＋16＝34
下のような順番で求めることができます。
①34－13－10－4＝7
②34－7－9－12＝6
③34－16－6－4＝8
④34－2－6－15＝11
⑤34－10－8－11＝5
⑥34－3－9－8＝14
⑦34－4－14－15＝1

## 36 たし算の　ひっ算⑥　73ページ

❶ ア…9　イ…1　ウ…3

❷
(1) 73＋54＝127　(2) 32＋92＝124　(3) 82＋76＝158
(4) 45＋91＝136　(5) 75＋42＝117　(6) 91＋64＝155
(7) 64＋82＝146　(8) 23＋95＝118　(9) 85＋84＝169
(10) 62＋73＝135　(11) 53＋72＝125　(12) 71＋96＝167

(1) 16　(2) 9

間違えたら、解き直しましょう。

**ポイント**

❶百の位に繰り上がりのあるたし算の筆算です。
❷筆算が速く正確にできるように練習させましょう。
( )のある式は( )の中を先に計算させましょう。
(1) 9＋(3＋4)＝9＋7＝16
(2) 15－(8－2)＝15－6＝9

## 37 たし算の　ひっ算⑦　75ページ

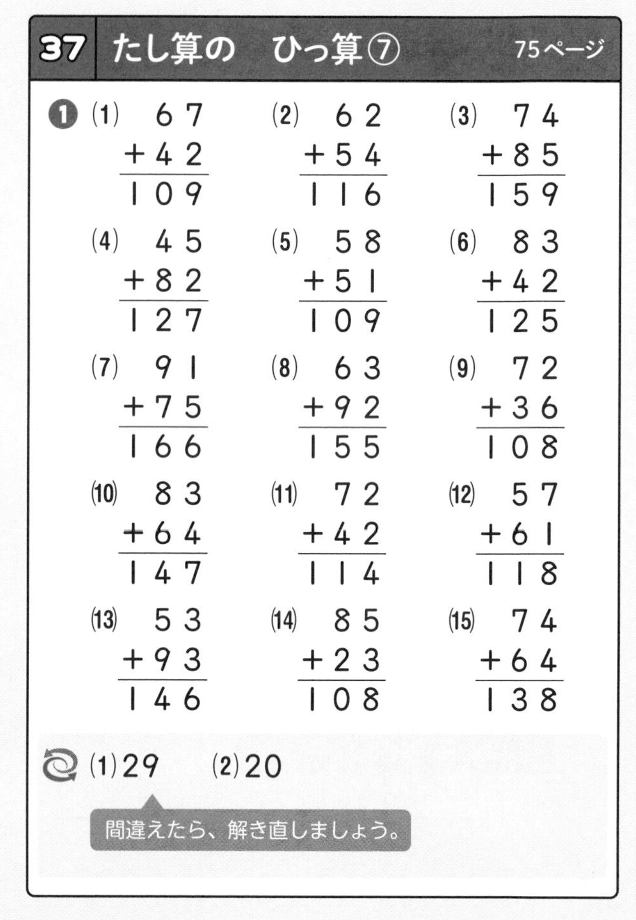

❶
(1) 67＋42＝109　(2) 62＋54＝116　(3) 74＋85＝159
(4) 45＋82＝127　(5) 58＋51＝109　(6) 83＋42＝125
(7) 91＋75＝166　(8) 63＋92＝155　(9) 72＋36＝108
(10) 83＋64＝147　(11) 72＋42＝114　(12) 57＋61＝118
(13) 53＋93＝146　(14) 85＋23＝108　(15) 74＋64＝138

(1) 29　(2) 20

間違えたら、解き直しましょう。

**ポイント**

❶筆算が速く正確にできるように練習させましょう。
( )のある式は( )の中を先に計算させましょう。
(1) 17＋(9＋3)＝17＋12＝29
(2) 18＋(6－4)＝18＋2＝20

## 38 たし算の　ひっ算⑧　77ページ

❶ ア…5　イ…1　ウ…1　エ…2

❷

| (1) | (2) | (3) |
|---|---|---|
| 63<br>+78<br>141 | 46<br>+79<br>125 | 74<br>+57<br>131 |
| (4) 49<br>+84<br>133 | (5) 95<br>+35<br>130 | (6) 59<br>+48<br>107 |
| (7) 75<br>+79<br>154 | (8) 46<br>+98<br>144 | (9) 89<br>+42<br>131 |
| (10) 27<br>+93<br>120 | (11) 94<br>+78<br>172 | (12) 35<br>+87<br>122 |

(1)19　(2)38

間違えたら、解き直しましょう。

**ポイント**

❶繰り上がりが2回あるたし算の筆算です。

❷筆算が速く正確にできるように練習させましょう。

うしろの2つの数をかっこでくくって計算すると、一の位の数が0になるので、計算が簡単になります。

(1)9＋7＋3＝9＋(7＋3)＝19

(2)18＋6＋14＝18＋(6＋14)＝38

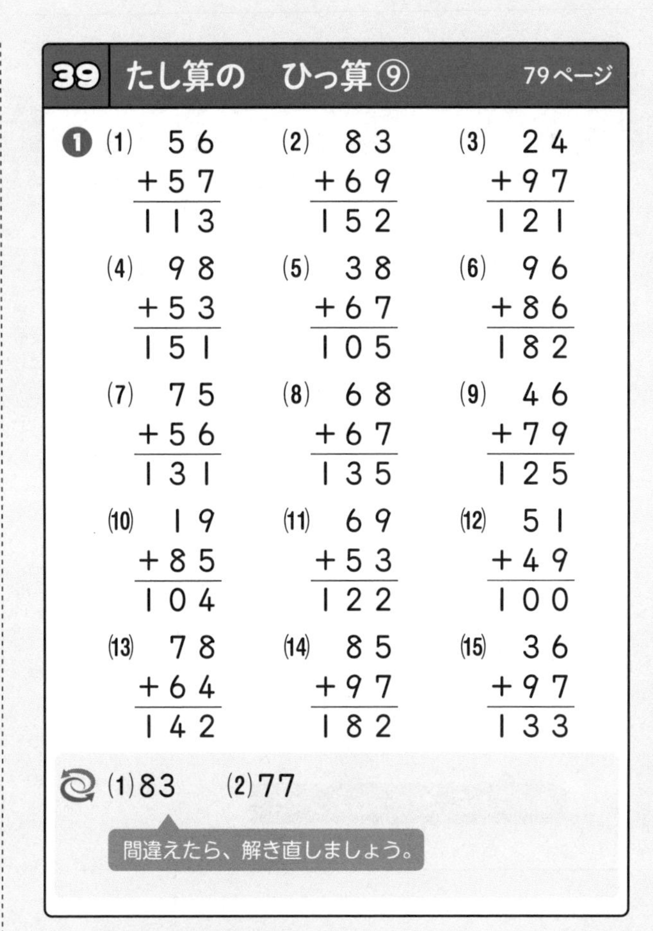

## 39 たし算の　ひっ算⑨　79ページ

❶

| (1) | (2) | (3) |
|---|---|---|
| 56<br>+57<br>113 | 83<br>+69<br>152 | 24<br>+97<br>121 |
| (4) 98<br>+53<br>151 | (5) 38<br>+67<br>105 | (6) 96<br>+86<br>182 |
| (7) 75<br>+56<br>131 | (8) 68<br>+67<br>135 | (9) 46<br>+79<br>125 |
| (10) 19<br>+85<br>104 | (11) 69<br>+53<br>122 | (12) 51<br>+49<br>100 |
| (13) 78<br>+64<br>142 | (14) 85<br>+97<br>182 | (15) 36<br>+97<br>133 |

(1)83　(2)77

間違えたら、解き直しましょう。

**ポイント**

❶筆算が速く正確にできるように練習させましょう。

うしろの2つの数をかっこでくくって計算すると、一の位の数が0になるので、計算が簡単になります。

(1)23＋39＋21＝23＋(39＋21)＝83

(2)37＋18＋22＝37＋(18＋22)＝77

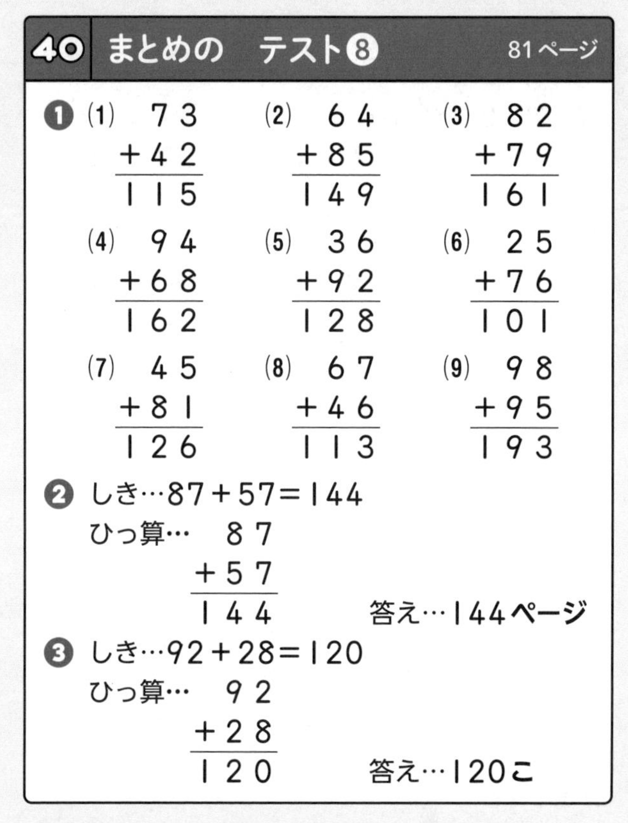

## 40 まとめの　テスト8　81ページ

❶

| (1) | (2) | (3) |
|---|---|---|
| 73<br>+42<br>115 | 64<br>+85<br>149 | 82<br>+79<br>161 |
| (4) 94<br>+68<br>162 | (5) 36<br>+92<br>128 | (6) 25<br>+76<br>101 |
| (7) 45<br>+81<br>126 | (8) 67<br>+46<br>113 | (9) 98<br>+95<br>193 |

❷ しき…87＋57＝144

ひっ算… 87<br>+57<br>144

答え…144ページ

❸ しき…92＋28＝120

ひっ算… 92<br>+28<br>120

答え…120こ

**ポイント**

❶繰り上がりが1回の計算と2回の計算が混じって出題されていますので、注意させましょう。

❷87ページと残りの57ページを合わせたページ数を求めるので、たし算をします。

❸合わせた個数は、たし算で求めさせます。

## 41 ひき算の　ひっ算⑥　83ページ

❶ ア…2　イ…8

❷
(1) $134 - 43 = 91$　(2) $158 - 71 = 87$　(3) $186 - 92 = 94$
(4) $129 - 87 = 42$　(5) $115 - 32 = 83$　(6) $147 - 75 = 72$
(7) $163 - 83 = 80$　(8) $138 - 94 = 44$

(1) $56 + 72 = 128$　(2) $61 + 43 = 104$

間違えたら、解き直しましょう。

**ポイント**

❶3けた－2けたの筆算です。
❷ミスが多いようでしたら、12回の2けた－2けたの筆算に戻って復習させましょう。
百の位に繰り上がるたし算の筆算です。

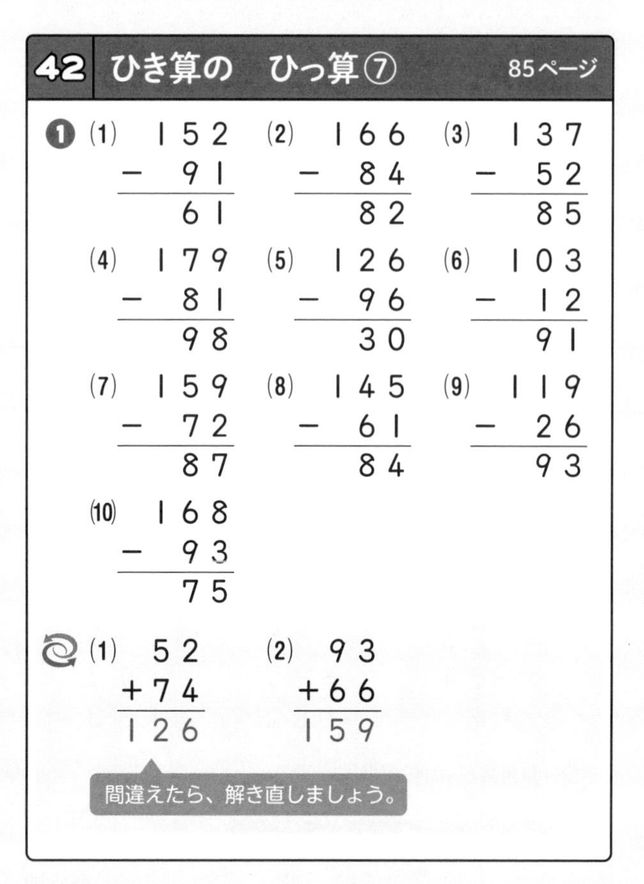

## 42 ひき算の　ひっ算⑦　85ページ

❶
(1) $152 - 91 = 61$　(2) $166 - 84 = 82$　(3) $137 - 52 = 85$
(4) $179 - 81 = 98$　(5) $126 - 96 = 30$　(6) $103 - 12 = 91$
(7) $159 - 72 = 87$　(8) $145 - 61 = 84$　(9) $119 - 26 = 93$
(10) $168 - 93 = 75$

(1) $52 + 74 = 126$　(2) $93 + 66 = 159$

間違えたら、解き直しましょう。

**ポイント**

❶筆算が速く正確にできるように練習させましょう。
百の位に繰り上がるたし算です。

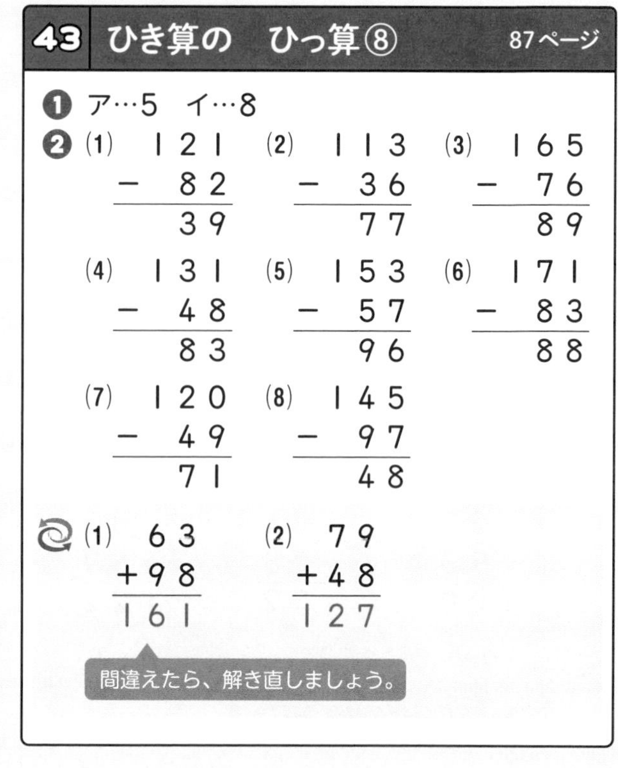

## 43 ひき算の　ひっ算⑧　87ページ

❶ ア…5　イ…8

❷
(1) $121 - 82 = 39$　(2) $113 - 36 = 77$　(3) $165 - 76 = 89$
(4) $131 - 48 = 83$　(5) $153 - 57 = 96$　(6) $171 - 83 = 88$
(7) $120 - 49 = 71$　(8) $145 - 97 = 48$

(1) $63 + 98 = 161$　(2) $79 + 48 = 127$

間違えたら、解き直しましょう。

**ポイント**

❶繰り下がりが2回ある筆算です。
❷繰り下がったことがわかるように書かせておきましょう。
繰り上がりが2回あるたし算の筆算です。

## 44 ひき算の　ひっ算⑨　89ページ

❶ (1) 136 − 87 = 49　(2) 142 − 53 = 89　(3) 121 − 94 = 27
(4) 115 − 79 = 36　(5) 123 − 65 = 58　(6) 142 − 68 = 74
(7) 154 − 87 = 67　(8) 141 − 95 = 46　(9) 135 − 57 = 78
(10) 172 − 74 = 98

(1) 67 + 43 = 110　(2) 76 + 84 = 160

間違えたら、解き直しましょう。

**ポイント**

❶筆算が速く正確にできるように練習させましょう。
繰り上がりが2回あるたし算の筆算です。

## 45 ひき算の　ひっ算⑩　91ページ

❶ ア…3　イ…5
❷ (1) 107 − 68 = 39　(2) 103 − 25 = 78　(3) 105 − 19 = 86
(4) 101 − 56 = 45　(5) 102 − 37 = 65　(6) 106 − 89 = 17
(7) 108 − 99 = 9　(8) 104 − 48 = 56

(1) 86 + 17 = 103　(2) 59 + 49 = 108

間違えたら、解き直しましょう。

**ポイント**

❶ひかれる数の十の位の数が0の計算です。
❷筆算が速く正確にできるように練習させましょう。
繰り上がりが2回あるたし算の筆算です。

## 46 まとめの　テスト❾　93ページ

❶ (1) 169 − 83 = 86　(2) 112 − 75 = 37　(3) 145 − 63 = 82
(4) 122 − 94 = 28　(5) 151 − 57 = 94　(6) 178 − 85 = 93
(7) 185 − 94 = 91　(8) 106 − 98 = 8

❷ しき…146−88=58
ひっ算… 146 − 88 = 58
答え…58円

**ポイント**

❶位を縦に揃えて書かせることがポイントです。
❷ちがいを求めるので、ひき算で計算させます。値段が高い方から安い方をひいて求めさせましょう。

## 47 たし算と　ひき算③　95ページ

❶ しき…152－79＝73
ひっ算…
$$\begin{array}{r} 152 \\ -\ \ 79 \\ \hline 73 \end{array}$$
答え…73人

❷ しき…88＋77＝165
ひっ算…
$$\begin{array}{r} 88 \\ +77 \\ \hline 165 \end{array}$$
答え…165円

❸ しき…112－86＝26
ひっ算…
$$\begin{array}{r} 112 \\ -\ \ 86 \\ \hline 26 \end{array}$$
答え…26ページ

(1) 1L5dL　(2) 8dL

間違えたら、解き直しましょう。

**ポイント**
❶ちがいを求めるので、ひき算で計算させます。
❷代金は、88円と77円を合わせた金額です。筆算は位を揃えて書かせましょう。
かさの計算をさせます。同じ単位の数どうしを計算させましょう。10dL＝1Lです。

## 48 たし算と　ひき算④　97ページ

❶ しき…64＋80＝144
ひっ算…
$$\begin{array}{r} 64 \\ +80 \\ \hline 144 \end{array}$$
答え…144まい

❷ しき…150－96＝54
ひっ算…
$$\begin{array}{r} 150 \\ -\ \ 96 \\ \hline 54 \end{array}$$
答え…54円

❸ しき…72＋49＝121
ひっ算…
$$\begin{array}{r} 72 \\ +49 \\ \hline 121 \end{array}$$
答え…121cm

(1) 6L　(2) 6dL

間違えたら、解き直しましょう。

**ポイント**
❶64枚あるところに80枚買うので、たし算で求めさせます。
❷残るお金を求めるので、ひき算で計算させます。
❸72cmのテープと残りの49cmのテープを合わせるとはじめにあったテープの長さになります。
かさの計算をさせます。同じ単位の数どうしを計算させましょう。10dL＝1Lです。

## 49 大きい　数の　ひっ算①　99ページ

❶ ア…6　イ…8　ウ…3

❷
(1) $\begin{array}{r} 324 \\ +\ \ 65 \\ \hline 389 \end{array}$
(2) $\begin{array}{r} 416 \\ +\ \ 52 \\ \hline 468 \end{array}$
(3) $\begin{array}{r} 41 \\ +235 \\ \hline 276 \end{array}$
(4) $\begin{array}{r} 613 \\ +\ \ \ 4 \\ \hline 617 \end{array}$
(5) $\begin{array}{r} 834 \\ +\ \ 22 \\ \hline 856 \end{array}$
(6) $\begin{array}{r} 62 \\ +915 \\ \hline 977 \end{array}$
(7) $\begin{array}{r} 712 \\ +\ \ 37 \\ \hline 749 \end{array}$
(8) $\begin{array}{r} 508 \\ +\ \ 61 \\ \hline 569 \end{array}$

$$\begin{array}{r} 126 \\ -\ \ 41 \\ \hline 85 \end{array}$$

間違えたら、解き直しましょう。

**ポイント**
❶❷3けた＋1、2けた、2けた＋3けたの繰り上がりのない筆算です。数が大きくなっても筆算のしかたは同じです。百の位はそのままおろして書かせます。
3けた－2けたの筆算です。

## 50 大きい　数の　ひっ算② 101ページ

❶
(1) 228 + 43 = 271
(2) 639 + 54 = 693
(3) 527 + 39 = 566
(4) 24 + 336 = 360
(5) 437 + 38 = 475
(6) 712 + 9 = 721
(7) 17 + 546 = 563
(8) 907 + 25 = 932
(9) 645 + 29 = 674
(10) 78 + 813 = 891

112 − 83 = 29

間違えたら、解き直しましょう。

ポイント

❶3けた＋1、2けた、2けた＋3けたの十の位に繰り上がりのある筆算です。数が大きくなっても筆算のしかたは同じです。百の位はそのままおろして書かせましょう。

繰り下がりが2回ある筆算です。

## 51 大きい　数の　ひっ算③ 103ページ

❶ ア…6　イ…1　ウ…5

❷
(1) 867 − 45 = 822
(2) 248 − 12 = 236
(3) 675 − 65 = 610
(4) 349 − 8 = 341
(5) 736 − 32 = 704
(6) 468 − 53 = 415
(7) 589 − 70 = 519
(8) 947 − 31 = 916

しき…96＋27＝123

ひっ算… 96 + 27 = 123

答え…123人

間違えたら、解き直しましょう。

ポイント

❶❷3けた－1、2けたの繰り下がりのない筆算です。数が大きくなっても筆算のしかたは同じです。百の位はそのままおろして書かせましょう。

合わせた人数は、たし算で求めさせます。

## 52 大きい　数の　ひっ算④ 105ページ

❶
(1) 745 − 19 = 726
(2) 384 − 28 = 356
(3) 287 − 49 = 238
(4) 970 − 63 = 907
(5) 871 − 56 = 815
(6) 446 − 8 = 438
(7) 527 − 18 = 509
(8) 631 − 28 = 603
(9) 741 − 23 = 718
(10) 984 − 57 = 927

しき…97＋4＝101

ひっ算… 97 + 4 = 101

答え…101回

間違えたら、解き直しましょう。

ポイント

❶3けた－1、2けたの十の位からの繰り下がりのある筆算です。数が大きくなっても筆算のしかたは同じです。百の位はそのままおろして書かせましょう。

さらさんのほうが多く飛んだので、たし算で求めさせます。

## 53 まとめの　テスト⑩　107ページ

❶
(1) 241 + 35 = 276
(2) 756 − 42 = 714
(3) 461 − 58 = 403
(4) 329 + 62 = 391
(5) 508 + 67 = 575
(6) 832 − 9 = 823

❷ しき…260−35=225
ひっ算… 260 − 35 = 225　答え…225円

❸ しき…258+14=272
ひっ算… 258 + 14 = 272　答え…272ページ

**ポイント**

❶百の位への繰り上がりのない筆算と、百の位からの繰り下がりのない筆算です。数が大きくなっても筆算のしかたは同じです。百の位はそのままおろして書かせましょう。

❷牛乳はサンドイッチより35円安いので、ひき算で求めさせます。

❸258ページと14ページを合わせたページ数を求めるので、たし算をさせます。

## 54 パズル③　109ページ

❶
(1) 144 + 12 = 156
(2) 416 + 42 = 458
(3) 534 + 15 = 549
(4) 301 + 82 = 383
(5) 148 + 45 = 193
(6) 553 + 25 = 578
(7) 279 + 12 = 291
(8) 369 + 24 = 393
(9) 477 + 8 = 485

❷

| 58 | 69 | 53 |
|---|---|---|
| 55 | 60 | 65 |
| 67 | 51 | 62 |

**ポイント**

❶○のある位に注目させましょう。

(1)一の位：○=6−2=4
十の位：○=4+1=5
(2)一の位：○=6+2=8
十の位：○=5−4=1
(3)十の位：○=3+1=4
百の位：○=5
(4)一の位：○=3−2=1
十の位：○=8−0=8
(5)一の位：○=13−5=8
十の位：○=4+4+1=9
(6)一の位：○=3+5=8
百の位：○=5−0=5
(7)一の位：○=11−2=9
百の位：○=2+0=2
(8)一の位：9+4=13から○=3
十の位：○=9−2−1=6
(9)一の位：○=15−8=7
十の位：○=8−1=7

❷9つのマス目に、下のように番号をふります。

| ① | ② | ③ |
|---|---|---|
| ④ | ⑤ | ⑥ |
| ⑦ | ⑧ | ⑨ |

3つの数の合計は
①+④+⑦=58+55+67=180
②=180−①−③=180−58−53=69
⑤=180−③−⑦=180−53−67=60
⑥=180−④−⑤=180−55−60=65
⑧=180−②−⑤=180−69−60=51
⑨=180−⑦−⑧=180−67−51=62

## 55 かけ算の　いみ　111ページ

❶ (1)4＋4＋4
(2)5＋5＋5＋5＋5＋5
(3)3＋3＋3＋3＋3
(4)7＋7
(5)9＋9＋9＋9
(6)3×7
(7)5×6
(8)2×4
(9)6×5
(10)8×8

❷ (1)3＋3＋3＝9
(2)2＋2＋2＋2＋2＋2＝12
(3)5＋5＋5＋5＝20
(4)8＋8＝16

(1)157　(2)105
(3)138　(4)105

間違えたら、解き直しましょう。

ポイント
❶(1)～(5)かけられる数をかける数だけたします。
(6)～(10)たす数の合計がかける数になります。
❷かけられる数をかける数だけたします。
繰り上がりに注意させましょう。

(1) $\begin{array}{r} 91 \\ +66 \\ \hline 157 \end{array}$　(2) $\begin{array}{r} 81 \\ +24 \\ \hline 105 \end{array}$

(3) $\begin{array}{r} 47 \\ +91 \\ \hline 138 \end{array}$　(4) $\begin{array}{r} 98 \\ +\ 7 \\ \hline 105 \end{array}$

## 56 かけ算①　113ページ

❶ (1)5　(2)10　(3)15　(4)20　(5)25
(6)30　(7)35　(8)40　(9)45

❷ (1)5　(2)10　(3)15　(4)20　(5)25
(6)30　(7)35　(8)40　(9)45

❸ (1)15　(2)45　(3)40　(4)5　(5)25
(6)30　(7)20　(8)10　(9)35　(10)30

(1)113　(2)102　(3)144　(4)171

間違えたら、解き直しましょう。

ポイント
❶5の段の九九を書かせましょう。
❷5の段の九九を覚えさせましょう。
❸5の段の九九を練習させましょう。
繰り上がりに注意させましょう。

(1) $\begin{array}{r} 77 \\ +36 \\ \hline 113 \end{array}$　(2) $\begin{array}{r} 93 \\ +\ 9 \\ \hline 102 \end{array}$　(3) $\begin{array}{r} 56 \\ +88 \\ \hline 144 \end{array}$　(4) $\begin{array}{r} 85 \\ +86 \\ \hline 171 \end{array}$

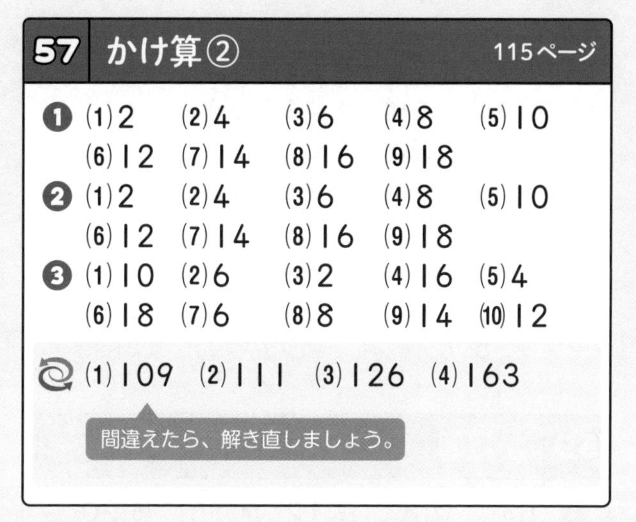

## 57 かけ算②　115ページ

❶ (1)2　(2)4　(3)6　(4)8　(5)10
(6)12　(7)14　(8)16　(9)18

❷ (1)2　(2)4　(3)6　(4)8　(5)10
(6)12　(7)14　(8)16　(9)18

❸ (1)10　(2)6　(3)2　(4)16　(5)4
(6)18　(7)6　(8)8　(9)14　(10)12

(1)109　(2)111　(3)126　(4)163

間違えたら、解き直しましょう。

ポイント
❶2の段の九九を書かせましょう。
❷2の段の九九を覚えさせましょう。
❸2の段の九九を練習させましょう。
繰り上がりに注意させましょう。

(1) $\begin{array}{r} 67 \\ +42 \\ \hline 109 \end{array}$　(2) $\begin{array}{r} 89 \\ +22 \\ \hline 111 \end{array}$　(3) $\begin{array}{r} 48 \\ +78 \\ \hline 126 \end{array}$　(4) $\begin{array}{r} 76 \\ +87 \\ \hline 163 \end{array}$

## 58 かけ算③　117ページ

❶ (1)3　(2)6　(3)9　(4)12　(5)15
(6)18　(7)21　(8)24　(9)27

❷ (1)3　(2)6　(3)9　(4)12　(5)15
(6)18　(7)21　(8)24　(9)27

❸ (1)18　(2)15　(3)21　(4)24　(5)12
(6)3　(7)6　(8)9　(9)27　(10)21

(1)57　(2)87　(3)44　(4)37

間違えたら、解き直しましょう。

ポイント

❶3の段の九九を書かせましょう。
❷3の段の九九を覚えさせましょう。
❸3の段の九九を練習させましょう。
繰り下がりに注意させましょう。

(1)
$$\begin{array}{r} \overset{3}{\cancel{1}}43 \\ -\ 86 \\ \hline 57 \end{array}$$

(2)
$$\begin{array}{r} 1\overset{4}{\cancel{5}}4 \\ -\ 67 \\ \hline 87 \end{array}$$

## 59 かけ算④ 119ページ

❶ (1)4 (2)8 (3)12 (4)16 (5)20 (6)24 (7)28 (8)32 (9)36
❷ (1)4 (2)8 (3)12 (4)16 (5)20 (6)24 (7)28 (8)32 (9)36
❸ (1)4 (2)32 (3)24 (4)20 (5)36 (6)28 (7)8 (8)16 (9)12 (10)20

(1)87 (2)88 (3)80 (4)53

間違えたら、解き直しましょう。

ポイント

❶4の段の九九を書かせましょう。
❷4の段の九九を覚えさせましょう。
❸4の段の九九を練習させましょう。
繰り下がりに注意させましょう。

(1)
$$\begin{array}{r} 1\overset{0}{\cancel{1}}4 \\ -\ 27 \\ \hline 87 \end{array}$$

(2)
$$\begin{array}{r} 1\overset{5}{\cancel{6}}0 \\ -\ 72 \\ \hline 88 \end{array}$$

## 60 かけ算⑤ 121ページ

❶ (1)16 (2)18 (3)4 (4)21 (5)10 (6)8 (7)6 (8)27 (9)3 (10)15
❷ (1)25 (2)5 (3)16 (4)30 (5)15 (6)45 (7)28 (8)8 (9)32 (10)24
❸ (1)40 (2)6 (3)4 (4)12 (5)12 (6)35 (7)12 (8)14

(1)52 (2)28 (3)77 (4)56

間違えたら、解き直しましょう。

ポイント

❶2、3の段の九九を練習させましょう。
❷4、5の段の九九を練習させましょう。
❸2～5の段の九九を練習させましょう。
繰り下がりに注意させましょう。

(2)
$$\begin{array}{r} 1\overset{0}{\cancel{1}}0 \\ -\ 82 \\ \hline 28 \end{array}$$

(3)
$$\begin{array}{r} 1\overset{3}{\cancel{4}}1 \\ -\ 64 \\ \hline 77 \end{array}$$

## 61 かけ算⑥ 123ページ

❶ (1)12 (2)15 (3)10 (4)14 (5)16 (6)18 (7)3 (8)4 (9)18 (10)24
❷ (1)28 (2)40 (3)24 (4)20 (5)20 (6)10 (7)45 (8)36 (9)32 (10)5
❸ (1)6 (2)27 (3)8 (4)15 (5)25 (6)2 (7)9 (8)16

(1)785 (2)579 (3)259 (4)388

間違えたら、解き直しましょう。

ポイント

❶2、3の段の九九を練習させましょう。
❷4、5の段の九九を練習させましょう。
❸2～5の段の九九を練習させましょう。
一の位から順に計算させましょう。

(1)
$$\begin{array}{r} 762 \\ +\ 23 \\ \hline 785 \end{array}$$

(2)
$$\begin{array}{r} 568 \\ +\ 11 \\ \hline 579 \end{array}$$

## 62 かけ算⑦ 125ページ

❶ (1)6 (2)12 (3)18 (4)24 (5)30 (6)36 (7)42 (8)48 (9)54
❷ (1)6 (2)12 (3)18 (4)24 (5)30 (6)36 (7)42 (8)48 (9)54
❸ (1)30 (2)36 (3)6 (4)48 (5)42 (6)18 (7)24 (8)54 (9)12 (10)18

(1)544 (2)297 (3)155 (4)488

間違えたら、解き直しましょう。

ポイント

❶6の段の九九を書かせましょう。
❷6の段の九九を覚えさせましょう。
❸6の段の九九を練習させましょう。
一の位から順に計算させましょう。

(1)
$$\begin{array}{r} 502 \\ +\ 42 \\ \hline 544 \end{array}$$

(2)
$$\begin{array}{r} 242 \\ +\ 55 \\ \hline 297 \end{array}$$

## 63 かけ算⑧ 127ページ

❶ (1)7 (2)14 (3)21 (4)28 (5)35
(6)42 (7)49 (8)56 (9)63
❷ (1)7 (2)14 (3)21 (4)28 (5)35
(6)42 (7)49 (8)56 (9)63
❸ (1)14 (2)49 (3)7 (4)21 (5)42
(6)28 (7)63 (8)35 (9)56 (10)42

(1)262 (2)830 (3)421 (4)511

間違えたら、解き直しましょう。

ポイント
❶7の段の九九を書かせましょう。
❷7の段の九九を覚えさせましょう。
❸7の段の九九を練習させましょう。
一の位から順に計算させましょう。

(1) 284 − 22 = 262
(2) 883 − 53 = 830

## 64 かけ算⑨ 129ページ

❶ (1)8 (2)16 (3)24 (4)32 (5)40
(6)48 (7)56 (8)64 (9)72
❷ (1)8 (2)16 (3)24 (4)32 (5)40
(6)48 (7)56 (8)64 (9)72
❸ (1)32 (2)56 (3)8 (4)16 (5)24
(6)64 (7)72 (8)48 (9)40 (10)32

(1)522 (2)610 (3)743 (4)801

間違えたら、解き直しましょう。

ポイント
❶8の段の九九を書かせましょう。
❷8の段の九九を覚えさせましょう。
❸8の段の九九を練習させましょう。
一の位から順に計算させましょう。

(1) 548 − 26 = 522
(2) 669 − 59 = 610

## 65 かけ算⑩ 131ページ

❶ (1)9 (2)18 (3)27 (4)36 (5)45
(6)54 (7)63 (8)72 (9)81
❷ (1)9 (2)18 (3)27 (4)36 (5)45
(6)54 (7)63 (8)72 (9)81
❸ (1)81 (2)54 (3)9 (4)18 (5)72
(6)27 (7)45 (8)36 (9)63 (10)54

(1)193 (2)389 (3)491 (4)664

間違えたら、解き直しましょう。

ポイント
❶9の段の九九を書かせましょう。
❷9の段の九九を覚えさせましょう。
❸9の段の九九を練習させましょう。
繰り上がりに注意させましょう。

(1) 154 + 39 = 193
(3) 419 + 72 = 491

## 66 かけ算⑪ 133ページ

❶ (1)42 (2)48 (3)18 (4)7 (5)12
(6)28 (7)63 (8)42 (9)35 (10)30
❷ (1)24 (2)63 (3)72 (4)45 (5)32
(6)8 (7)48 (8)81 (9)16 (10)27
❸ (1)6 (2)21 (3)54 (4)72 (5)64
(6)36 (7)49 (8)54

(1)572 (2)487 (3)672 (4)376

間違えたら、解き直しましょう。

ポイント
❶6、7の段の九九を練習させましょう。
❷8、9の段の九九を練習させましょう。
❸6～9の段の九九を練習させましょう。
繰り上がりに注意させましょう。

(1) 546 + 26 = 572
(3) 664 + 8 = 672

## 67 かけ算⑫ 135ページ

❶ (1)18 (2)14 (3)42 (4)6 (5)49
(6)48 (7)63 (8)24 (9)30 (10)56
❷ (1)54 (2)32 (3)8 (4)40 (5)24
(6)56 (7)81 (8)9 (9)72 (10)18
❸ (1)28 (2)45 (3)12 (4)64 (5)27
(6)36 (7)16 (8)21

(1)342 (2)838 (3)538 (4)218

間違えたら、解き直しましょう。

ポイント

❶6、7の段の九九を練習させましょう。
❷8、9の段の九九を練習させましょう。
❸6～9の段の九九を練習させましょう。
繰り下がりに注意させましょう。

(2) 896 − 58 = 838（十の位の9を8にする）
(3) 582 − 44 = 538（十の位の8を7にする）

## 68 かけ算⑬ 137ページ

❶ (1)1 (2)2 (3)3 (4)4 (5)5
(6)6 (7)7 (8)8 (9)9
❷ (1)1 (2)2 (3)3 (4)4 (5)5
(6)6 (7)7 (8)8 (9)9
❸ (1)4 (2)8 (3)7 (4)5 (5)3
(6)9 (7)1 (8)2 (9)6 (10)3

(1)213 (2)733 (3)446 (4)548

間違えたら、解き直しましょう。

ポイント

❶1の段の九九を書かせましょう。
❷1の段の九九を覚えさせましょう。
❸1の段の九九を練習させましょう。
繰り下がりに注意させましょう。

(3) 461 − 15 = 446（十の位の6を5にする）
(4) 567 − 19 = 548（十の位の6を5にする）

## 69 かけ算⑭ 139ページ

❶ (1)36 (2)35 (3)25 (4)21 (5)8
(6)16 (7)18 (8)4 (9)9 (10)8
❷ (1)72 (2)48 (3)63 (4)9 (5)14
(6)35 (7)54 (8)18 (9)36 (10)56
❸ (1)2 (2)5 (3)42 (4)10 (5)36
(6)12 (7)27 (8)64

(1)485 (2)195 (3)782 (4)363

間違えたら、解き直しましょう。

ポイント

❶1～5の段の九九を練習させましょう。
❷6～9の段の九九を練習させましょう。
❸1～9の段の九九を練習させましょう。
繰り上がりに注意させましょう。

(1) 427 + 58 = 485（十の位に1繰り上がる）
(3) 775 + 7 = 782（十の位に1繰り上がる）

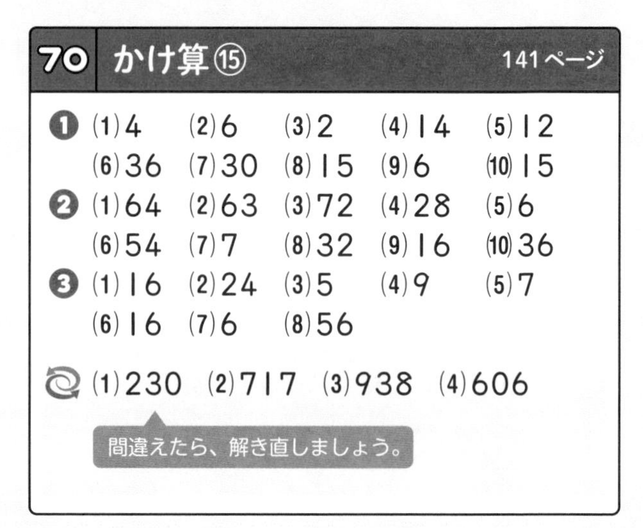

## 70 かけ算⑮ 141ページ

❶ (1)4 (2)6 (3)2 (4)14 (5)12
(6)36 (7)30 (8)15 (9)6 (10)15
❷ (1)64 (2)63 (3)72 (4)28 (5)6
(6)54 (7)7 (8)32 (9)16 (10)36
❸ (1)16 (2)24 (3)5 (4)9 (5)7
(6)16 (7)6 (8)56

(1)230 (2)717 (3)938 (4)606

間違えたら、解き直しましょう。

ポイント

❶1～5の段の九九を練習させましょう。
❷6～9の段の九九を練習させましょう。
❸1～9の段の九九を練習させましょう。
繰り下がりに注意させましょう。

(2) 770 − 53 = 717（十の位の7を6にする）
(3) 986 − 48 = 938（十の位の8を7にする）

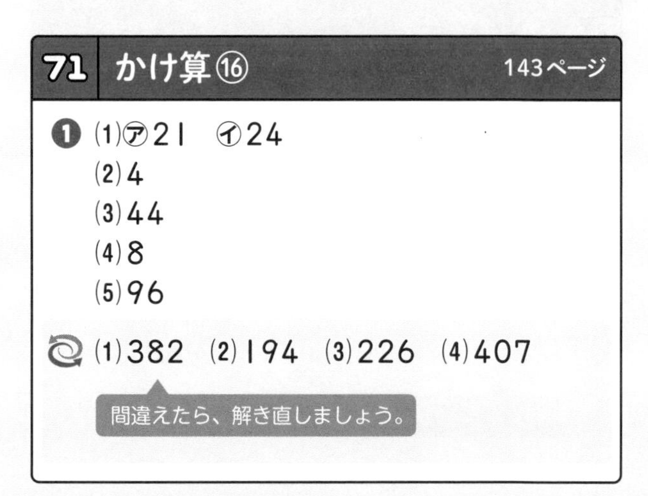

## 71 かけ算⑯ 143ページ

❶ (1)㋐21 ㋑24
(2)4
(3)44
(4)8
(5)96

(1)382 (2)194 (3)226 (4)407

間違えたら、解き直しましょう。

ポイント

❶(1)九九の表のどの部分かを考えさせます。
㋐3×7＝21
㋑8×3＝24
(2)4の段は4、8、12、…と、4ずつ増えていきます。
(3)4×9から2つ右にあるので
㋒36＋4＋4＝44
(4)8の段は8、16、24、…と、8ずつ増えていきます。
(5)9×8から3つ下にあるので
㋓72＋8＋8＋8＝96
繰り上がりと繰り下がりに注意させましょう。

(2) 157 ＋ 37 ＝ 194　(4) 453 － 46 ＝ 407

## 72 まとめの　テスト⑪　145ページ

❶ (1)12　(2)20　(3)9　(4)36
(5)35　(6)49　(7)12　(8)45
(9)24　(10)40　(11)3　(12)9
(13)18　(14)1　(15)35　(16)6
(17)28　(18)16　(19)8　(20)24
(21)6　(22)25
❷ しき…4×6＝24　答え…24人
❸ しき…2×7＝14　答え…14L
❹ しき…6×8＝48　答え…48cm

ポイント

❶九九の練習をさせましょう。
❷4人ずつ座れる長いすが6脚あるので、「1つ分の数」は4、「いくつ分」は6です。
❸2Lのお茶のペットボトルが7本あるので、「1つ分の数」は2、「いくつ分」は7です。
❹高さ6cmの箱を8個積み上げたので、「1つ分の数」は6、「いくつ分」は8です。

## 73 まとめの　テスト⑫　147ページ

❶ (1)28　(2)18　(3)2　(4)27
(5)42　(6)63　(7)64　(8)27
(9)6　(10)30　(11)15　(12)10
(13)4　(14)8　(15)8　(16)56
(17)54　(18)32　(19)48　(20)40
(21)14　(22)45
❷ しき…5×4＝20　答え…20分
❸ しき…3×7＝21　答え…21まい
❹ しき…7×6＝42　答え…42さつ

ポイント

❶九九の練習をさせましょう。
❷「1つ分の数」は5、「いくつ分」は4です。
❸「1つ分の数」は3、「いくつ分」は7です。
❹「1つ分の数」は7、「いくつ分」は6です。

## 74 長い　長さ（cm、m）①　149ページ

❶ (1)2、30　(2)5、20　(3)600
(4)3　(5)250　(6)6、40
(7)3、30　(8)9、10
❷ (1)2、60　(2)4、10　(3)4、30
(4)1、70　(5)5、90

(1)9　(2)21　(3)4　(4)12
(5)4　(6)72　(7)18　(8)10

間違えたら、解き直しましょう。

ポイント

❶1m＝100cmです。
❷同じ単位の数どうしを計算させましょう。
九九の練習をさせましょう。

## 75 長い　長さ（cm、m）②　151ページ

❶ (1)3、90　(2)1、70　(3)6、20
(4)11、40　(5)5、20　(6)3、50
(7)1、50　(8)2、90　(9)3、10
❷ (1)130、1、30　(2)110、1、10
(3)100、1　(4)180、1、80
(5)120、1、20

(1)21　(2)18　(3)1　(4)16
(5)7　(6)30　(7)20　(8)81

間違えたら、解き直しましょう。

ポイント

❶同じ単位の数どうしを計算させましょう。

❷100cm＝1mです。
◎九九の練習をさせましょう。

## 76 1000より 大きい 数 153ページ

❶ (1)3257 (2)1000、500、60、2
(3)3474
❷ (1)5、3 (2)10 (3)53 (4)100
❸ (1)900 (2)500 (3)1000 (4)1200
(5)1500 (6)1400 (7)200 (8)1000
(9)1300 (10)1100 (11)1700 (12)1200

◎ (1)12 (2)2 (3)8 (4)12
(5)7 (6)20 (7)5 (8)72

間違えたら、解き直しましょう。

**ポイント**

❶千の位の数、百の位の数、十の位の数、一の位の数がそれぞれいくつになるかを考えさせましょう。
❷100を10個集めると1000になります。
❸(1)4＋5＝9なので、100を9個集めた数です。
(2)3＋2＝5なので、100を5個集めた数です。
(3)6＋4＝10なので、100を10個集めた数です。
(4)6＋6＝12なので、100を12個集めた数です。
(5)8＋7＝15なので、100を15個集めた数です。
(6)9＋5＝14なので、100を14個集めた数です。
(7)5－3＝2なので、100を2個集めた数です。
(8)12－2＝10なので、100を10個集めた数です。
(9)15－2＝13なので、100を13個集めた数です。
(10)15－4＝11なので、100を11個集めた数です。
(11)18－1＝17なので、100を17個集めた数です。
(12)14－2＝12なので、100を12個集めた数です。
◎九九の練習をさせましょう。

## 77 図を つかって 考える① 155ページ

❶ しき…27－15＝12 答え…12こ
❷ しき…8＋13＝21 答え…21わ
❸ ①…㋐ ②…㋑
しき…21－11＝10 答え…10こ

◎ (1)42 (2)5 (3)3 (4)27
(5)4 (6)8 (7)72 (8)12

間違えたら、解き直しましょう。

**ポイント**

❶増加の場面で、増えた数がいくつかを求めさせます。場面をテープ図に表すと、どんな計算になるかが視覚的にわかりやすくなります。増えた数は、全体(増えたあと)の数から、初めの数をひくと求められます。
❷減少の場面で、初めの数がいくつかを求めさせます。初めの数は、減った数と残りの数をたすと求められます。
❸増加の場面で、増えた数がいくつかを求めさせます。増えた数は、全体(増えたあと)の数から初めの数をひくと求められます。
◎九九の練習をさせましょう。

## 78 図を つかって 考える② 157ページ

❶ しき…23－10＝13 答え…13本
❷ しき…17－10＝7 答え…7人
❸ ①…㋑ ②…㋐
しき…25－14＝11 答え…11人

◎ (1)21 (2)35 (3)8 (4)15
(5)8 (6)36 (7)12 (8)48

間違えたら、解き直しましょう。

**ポイント**

❶増加の場面で、初めの数がいくつかを求めさせます。場面をテープ図に表すと、どんな計算になるかが視覚的にわかりやすくなります。初めの数は、全体(全部)の数から、増えた数をひくと求められます。
❷減少の場面で、減った数がいくつかを求めさせます。減った数は、全体(初め)の数から残りの数をひくと求められます。
❸減少の場面で、減った数がいくつかを求めさせます。減った数は、全体(初め)の数から残りの数をひくと求められます。
◎九九の練習をさせましょう。

## 79 まとめの　テスト⑬　159ページ

❶ (1)1、60　(2)3、90
(3)2、20　(4)150、1、50

❷ (1)600　(2)800　(3)1100　(4)1300
(5)1200　(6)1400　(7)400　(8)1400
(9)1100　(10)1000　(11)1200　(12)1700

❸ ①…㋐　②…㋑
しき…22－8＝14　答え…14人

❹ しき…70cm＋50cm＝120cm＝1m20cm
答え…1m20cm

**ポイント**

❶同じ単位の数どうしを計算させましょう。100cm＝1mです。
❷(1)2＋4＝6なので、100を6個集めた数です。
(2)3＋5＝8なので、100を8個集めた数です。
(3)7＋4＝11なので、100を11個集めた数です。
(4)6＋7＝13なので、100を13個集めた数です。
(5)9＋3＝12なので、100を12個集めた数です。
(6)8＋6＝14なので、100を14個集めた数です。
(7)6－2＝4なので、100を4個集めた数です。
(8)17－3＝14なので、100を14個集めた数です。
(9)16－5＝11なので、100を11個集めた数です。
(10)11－1＝10なので、100を10個集めた数です。
(11)18－6＝12なので、100を12個集めた数です。
(12)19－2＝17なので、100を17個集めた数です。
❸増加の場面で、初めの数がいくつかを求めさせます。初めの数は、全体(増えたあと)の数から増えた数をひくと求められます。
❹高さの合計なので、台の高さと箱の高さをたします。

## 80 パズル④　161ページ

❶ (1)9、7、42　(2)16、8、8
(3)15、1、9　(4)12、4、16
(5)45、5、35　(6)6、3、6
(7)42、8、24

❷ (1)15、24(14、25)
(2)24、35
(3)36、45
(4)42、56
(5)45、72

**ポイント**

❶九九を思い出させましょう。
❷一の位から決めていきます。
(1)2つの数の一の位の数は4と5です。
(2)2つの数の一の位の数は4と5です。
(3)2つの数の一の位の数は5と6です。
(4)2つの数の一の位の数は2と6です。
(5)2つの数の一の位の数は2と5です。

## 81 そうふくしゅう＋先どり①　163ページ

❶ (1)177　(2)115　(3)141
(4)27　(5)37　(6)28

❷ (1)732　(2)393　(3)491
(4)215　(5)821　(6)648

❸ (1)3、9　(2)8、2
(3)7　(4)1、7

❹ (1)677　(2)335　(3)572
(4)521　(5)158　(6)237

**ポイント**

❶繰り上がり、繰り下がりに注意させましょう。

$$(1)\ \begin{array}{r} 85 \\ +92 \\ \hline 177 \end{array} \qquad (2)\ \begin{array}{r} \overset{1}{6}6 \\ +49 \\ \hline 115 \end{array} \qquad (3)\ \begin{array}{r} \overset{1}{7}3 \\ +68 \\ \hline 141 \end{array}$$

$$(4)\ \begin{array}{r} \overset{4}{5}2 \\ -25 \\ \hline 27 \end{array} \qquad (5)\ \begin{array}{r} \overset{4}{5}4 \\ -17 \\ \hline 37 \end{array} \qquad (6)\ \begin{array}{r} \overset{5}{6}4 \\ -36 \\ \hline 28 \end{array}$$

❷繰り上がり、繰り下がりに注意させましょう。

$$(1)\ \begin{array}{r} 7\overset{1}{0}4 \\ +\ 28 \\ \hline 732 \end{array} \qquad (2)\ \begin{array}{r} 3\overset{1}{6}8 \\ +\ 25 \\ \hline 393 \end{array} \qquad (3)\ \begin{array}{r} 4\overset{1}{5}5 \\ +\ 36 \\ \hline 491 \end{array}$$

$$(4)\ \begin{array}{r} 2\overset{4}{5}3 \\ -\ 38 \\ \hline 215 \end{array} \qquad (5)\ \begin{array}{r} 8\overset{7}{8}0 \\ -\ 59 \\ \hline 821 \end{array} \qquad (6)\ \begin{array}{r} 6\overset{8}{9}7 \\ -\ 49 \\ \hline 648 \end{array}$$

❸同じ単位の数どうしを計算させましょう。
❹3けたと3けたのたし算、ひき算は3年生の内容です。3けたと2けたのたし算、ひき算と同じように計算できます。

$$(1)\ \begin{array}{r} 460 \\ +217 \\ \hline 677 \end{array} \qquad (2)\ \begin{array}{r} 2\overset{1}{1}9 \\ +116 \\ \hline 335 \end{array} \qquad (3)\ \begin{array}{r} 3\overset{1}{2}7 \\ +245 \\ \hline 572 \end{array}$$

$$(4)\ \begin{array}{r} 673 \\ -152 \\ \hline 521 \end{array} \qquad (5)\ \begin{array}{r} 2\overset{8}{9}4 \\ -136 \\ \hline 158 \end{array} \qquad (6)\ \begin{array}{r} 4\overset{5}{6}3 \\ -226 \\ \hline 237 \end{array}$$

## 82 そうふくしゅう+先どり② 165ページ

❶ (1)4 (2)7 (3)13 (4)6
(5)7 (6)1 (7)6 (8)3
❷ (1)16 (2)14 (3)17 (4)13 (5)19
(6)15 (7)11 (8)18 (9)16 (10)14
❸ (1)7 (2)6 (3)4、5 (4)3
❹ (上から順に)10、18、10、180

### ポイント

❶かっこの中を先に計算させましょう。
(1)(2+6)−4=8−4=4
(2)(6+4)−3=10−3=7
(3)3+(4+6)=3+10=13
(4)8−(5−3)=8−2=6
(5)4+(6−3)=4+3=7
(6)9−(7+1)=9−8=1
(7)4+(6−4)=4+2=6
(8)7−(2+2)=7−4=3
❷結果が10になる方を先に計算させましょう。
(1)7+3+6=(7+3)+6=10+6=16
(2)1+9+4=(1+9)+4=10+4=14
(3)7+5+5=7+(5+5)=7+10=17
(4)3+8+2=3+(8+2)=3+10=13
(5)3+7+9=(3+7)+9=10+9=19
(6)2+8+5=(2+8)+5=10+5=15
(7)1+6+4=1+(6+4)=1+10=11
(8)8+8+2=8+(8+2)=8+10=18
(9)5+5+6=(5+5)+6=10+6=16
(10)4+7+3=4+(7+3)=4+10=14
❸同じ単位の数どうしを計算させましょう。
❹何十の数と1けたの数をかける計算は3年生の内容です。10を何個集めた数になるかを考えさせましょう。

## 83 そうふくしゅう+先どり③ 167ページ

❶ (1)3 (2)18 (3)16 (4)18
(5)25 (6)4 (7)21 (8)45
(9)6 (10)6
❷ (1)32 (2)54 (3)28 (4)40
(5)63 (6)36 (7)6 (8)49
(9)35 (10)54
❸ (1)2、90 (2)8、30
(3)8、50 (4)4、70
❹ (1)6 (2)7 (3)4 (4)8
(5)2 (6)9 (7)9 (8)2

### ポイント

❶1〜5の段の九九を練習させましょう。
❷6〜9の段の九九を練習させましょう。
❸同じ単位の数どうしを計算させましょう。
❹九九を思い出しながら、どの数があてはまるか考えさせましょう。この考え方は3年生のわり算を勉強するときに重要になります。